à la
FOLIE

야무지고 재주 많은 손을 가진 파티시에 여러분에게,
과수원에서, 카카오 나무에서, 밀밭에서
소중한 재료를 생산하는 모든 이에게.

Published in the French language originally under the title:
À la folie by Raphaële Marchal
© 2016, Tana éditions, an imprint of Edi8, Paris
Korean translation copyright © 시트롱 마카롱, 2017

Published by arrangement with Tana Editions through Sibylle Books Literary Agency, Seoul *à la*

FOLIE

디저트에 미치다

프랑스 파티스리 베스트 60

라파엘 마샬 지음 | 강현정 옮김

포토그래피 | 다비드 보니에DAVID BONNIER & 앙투안 페슈ANTOINE PESCH
스타일 | 카미유 르포르CAMILLE LEFORT

CITRON MACARON
The Kitchen

PRÉFACE 달콤한 시작

케이크를 먹는다는 것은 아주 순수하고 단순한 행위입니다. 잠시 모든 경계심을 버리고 몽롱한 상태로 구름 위를 걷는 것처럼 느끼게 하죠. 아주 짧지만 강렬하고 절대적인 마력을 발휘해서 우리는 그 순간에 온전히 빠져들고 마음을 빼앗깁니다. 점점 더 많은 사람이 이 달콤한 행복에 탐닉하더니 마침내 '파티스리'라는 분야는 더욱 성숙해졌습니다. 작은 빵집 케이크에서부터 최고급 호텔 디저트까지, 판매대에 진열돼 있는 빵에서부터 전혀 새로운 스타일의 파티스리에 이르기까지 파티시에들이 대부분 입을 모아 강조하는 한 가지 중요한 요소가 있습니다. 그것은 바로 '자연'입니다. 우리가 언제나 유념하고, 궁극적으로 지켜야 할 시의성, 곧 계절도 같은 맥락에 있습니다. 라즈베리가 자라기도 전에 라즈베리 타르트를 만든다면 앞뒤가 바뀌었으니 제대로 된 타르트가 될 수 없겠죠. 세월이 흐르고 우리는 결국 자연의 순리를 따르는 것이 옳다는 사실을 깨닫게 됩니다.

머지않아 파티시에도 요리사처럼 케이크를 만들 때 간을 맞추고, 재료의 맛과 향을 우려내고, 즙을 줄이는 등 여러 가지 기법을 사용하게 될 것입니다. 이런 멋진 시도는 성실함이 바탕이 된 달콤한 성과로 이어질 것입니다. 계절성을 존중하다 보면 표현 방법도 무척 다양해질 것입니다.

어린 시절 추억에서, 전통적인 레시피에서, 혹은 조각이나 음악과 같은 예술 작품에서 영감을 얻을 수도 있겠죠. 자연의 순리를 따르는 다양한 파티스리 부티크들은 상상을 뛰어넘는 무한한 가능성을 보여주고 있습니다. 이 책의 각 페이지에는 쇼콜라티에가 만든 파티스리, 타르트 시트에 통째로 얹은 과일, 매혹적인 비스킷과 간편하게 가지고 다니며 즐길 수 있는 과자들, 레스토랑 디저트처럼 즉석에서 만들어주는 케이크, 유명 산지에서 가져온 최상의 헤이즐넛, 한창 물이 올라 최고의 맛을 내는 과일 등이 넘쳐납니다.

자, 그럼 파티스리에서 방금 나온 맛있는 케이크를 어떻게 먹을까요? 동그란 케이크의 속만 꺼내 먹거나 갈레트 데 루아의 높이 부푼 퍼프 페이스트리를 뜯어내 먹으면 어떨까요? 를리지외즈의 윗부분을 잘라 먹거나 트로페지엔의 크림을 핥아먹고 모자 뚜껑만 남기면 어떨까요? 비 오는 날 아슬아슬하게 스쿠터를 타고 속을 채운 길쭉한 사블레 타르트를 들고 다니는 것은 어떨까요? 파티시에의 임무는 케이크가 문밖으로 나가면 일단 끝나지만, 그다음엔 어떤 일이 일어날까요? 그것을 먹는 사람에 따라 케이크의 운명은 천차만별입니다. 나이프와 포크로, 손가락으로, 스푼으로, 길거리에서, 두 손으로, 침대에서, 심지어 클럽에서… 그야말로 엿장수 맘 대로입니다. 하나의 케이크에 하나의 삶만이 있는 것은 아니니까요.

그리고 삶은 계속됩니다. 다음 케이크가 우리 손에 들어오는 그날까지.

SOMMAIRE 차례

ÉCLAIR CARAMEL

캐러멜 에클레어 by 크리스토프 아당 CHRISTOPHE ADAM (L'ÉCLAIR DE GÉNIE)

에클레어 하나로 디저트 왕국을 이룬 천재 파티시에

포숑(Fauchon)에서 15년간 경력을 쌓은 크리스토프 아당은 그가 오랫동안 만들어오던 파티스리에 진부함을 느끼고 무언가 새로운 세계에 도전하고 싶었다. 그와 손잡은 파트너들과 고민을 거듭한 끝에 번뜩이는 아이디어가 떠올랐는데, 그것은 바로 에클레어였다. 그는 에클레어 한 가지로만 시작하기로 결심했다. 파티스리에서 그가 더 이상 큰 애착을 갖지 못하는 거품 요소를 모두 제거하고, 신선하고 아름답고 단순한 한 가지 제품에만 집중하기로 한 것이다. 현재 전 세계에 23개의 매장이 분포되어 있으며, 에클레어 이외에도 바를레트*, 아이스크림 에클레어 및 각종 스프레드와 콩피즈리 제품도 인기를 더하고 있다.
달콤한 맛 이면에 살짝 감도는 짭짤한 소금의 킥 또한 그가 만든 파티스리의 매력이다. 브르타뉴 토박이인 이 파티시에의 캐러멜 에클레어는 오랜 시간 수십 번의 레시피 개발과 20여 차례의 수정을 거친 후에야 드디어 정확하게 원하던 바대로 최종 완성되었다. 입에 넣는 순간 진하고 부드러운 크림을 맛볼 수 있으며, 이어서 가벼운 슈의 식감, 마지막으로 짭짤한 소금이 여운을 느낄 수 있다. 안정적으로 완성된 디저트에 캐리멜의 맛이 잘 어우러진다.
*바를레트(barlette): 파트 사블레 시트에 크림을 채우고 과일 등의 토핑 재료를 얹은 길쭉한 모양의 미니 타르트.

에클레어 약 11개 분량 준비 시간 : 1시간 ● 휴지 시간 : 2시간 ● 조리 시간 : 35분

재료

슈 페이스트리 La pâte à choux	캐러멜 크림 La crème caramel	퐁당 캐러멜	완성하기 Montage et finition
물 55g	가루형 젤라틴 1g	Le fondant au caramel	초콜릿 펄 10g
우유 55g	물 7g	설탕 30g	초콜릿 스프링클 10g
버터 55g	설탕 90g	옥수수 시럽 20g	브론즈 색 장식용 펄 가루 적당량
소금 2g	생크림(유지방 35%) 115g	생크림(유지방 35%) 55g	
설탕 2g	버터 56g	가염 버터 5g	
바닐라 에센스 3g	소금(플뢰르 드 셀**) 1꼬집	퐁당 슈거 240g	
밀가루(다목적용 중력분 T55*) 55g	마스카르포네 175g		
달걀 95g			

만드는 법

슈 페이스트리

냄비에 물과 우유, 버터, 소금, 설탕, 바닐라 에센스를 넣고 가열한다. 끓으면 불에서 내린 뒤 밀가루를 한 번에 넣고, 반죽이 냄비 벽에 더 이상 달라붙지 않고 떨어질 정도가 될 때까지 주걱으로 세게 저어 혼합한다. 전동 스탠드 믹서 볼에 혼합물을 붓고, 거품기를 중간 속도로 돌리는 상태에서 달걀을 조금씩 넣어주며 섞는다. 반죽이 매끈하고 균일하게 혼합되어 윤기가 나면 15mm 모양 깍지(상투과자)를 끼운 짤주머니에 넣은 다음, 베이킹 시트 위에 11cm 길이의 에클레어 모양으로 짜 놓는다. 오븐을 250℃로 예열한 다음 끈다.
에클레어를 오븐에 넣고 반죽이 부풀어 오르면(약 12분~16분 소요), 다시 오븐을 켜고 160℃로 맞춘 다음 약 20분간 구워낸다.

캐러멜 크림

젤라틴 가루를 물에 적셔 최소한 5분 이상 불린다. 소스팬에 설탕을 넣고 중불로 가열한다. 갈색의 캐러멜로 변하면 불에서 내리고, 뜨거운 생크림을 넣어 잘 저어 섞는다. 열 쇼크로 인해 뜨거운 액체가 튈 위험이 있으니, 생크림은 반드시 뜨겁게 데운 후 넣어야 하는 점을 주의한다. 버터와 소금을 넣고 잘 섞는다. 식혀서 온도가 50℃ 정도가 되면 젤라틴을 넣는다. 45℃가 되면 캐러멜을 아주 조금씩 마스카르포네에 넣으며 전동 믹서 거품기로 잘 혼합한다. 믹싱볼에서 덜어낸 다음 냉장고에 최소 2시간 이상 보관한 뒤 사용한다.

퐁당 캐러멜

소스팬에 설탕과 옥수수 시럽을 넣고 중불로 가열한다. 갈색의 캐러멜이 되면 불에서 내린 후, 뜨거운 생크림을 넣고 잘 섞는다. 다시 불에 올려 가열한 후 109℃가 되면 가염 버터를 넣고 잘 저어 혼합한다. 덜어낸 뒤 식힌다. 캐러멜이 아직 뜨거울 때, 살짝 데운 퐁당 슈거에 넣고 주걱으로 잘 섞어준다. 30℃가 되면 사용하기 가장 적당한 온도이다.

완성하기

밀폐 용기에 초콜릿 펄, 초콜릿 스프링클과 브론즈 펄 가루를 넣고 뚜껑을 닫은 뒤 흔들어 골고루 펄 색깔을 입힌다. 에클레어 슈 안에 캐러멜 크림을 채운 다음, 적당한 온도를 유지하고 있는 퐁당 캐러멜에 윗면을 담갔다 뺀다. 퐁당 캐러멜을 중간중간 기울여 흔들어주면 표면에 막이 생기는 것을 방지할 수 있다. 브론즈 색을 입힌 초콜릿 펄과 스프링클을 퐁당 묻힌 에클레어 위에 골고루 뿌린다.

*farine T55 : 프랑스 밀가루 Type 55는 흰 빵, 피자, 파트 브리제 및 일반 케이크에 주로 많이 사용되는 흰 밀가루로 회분 함량 0.5~0.6%, 단백질 함량 11% 이하이다. 한국의 다목적용 중력분 밀가루에 가장 가깝다. 참고로 중력분의 단백질 함량은 10~13%이다.
**플뢰르 드 셀(fleur de sel): '소금의 꽃'이라는 뜻으로 해안가 염전에서 건조 중인 간수의 표면 위에 뜨는 소금 결정을 일일이 수작업으로 걷어내어 채집한 것. 고급 소금의 대명사로 통한다.

POUCHKINETTE

푸슈키네트 by 줄리앵 알바레즈 JULIEN ALVAREZ (CAFÉ POUCHKINE)

러시안 파티스리 부티크에 부는 새로운 파리의 바람

파리 페닌슐라 호텔의 셰프 파티시에였던 줄리앵 알바레즈는 러시아 디저트의 명가 카페 푸슈킨으로 옮기면서 파티스리 업계의 새로운 지형을 만들어내고 있다. 새롭게 오픈한 부티크나 공항 또는 역의 카운터 등에서도 만나볼 수 있는 카페 푸슈킨의 새로운 차원의 파티스리는 비주얼부터 신선하게 다가온다. 재능이 넘치는 젊은 셰프 파티시에 줄리앵 알바레즈의 영입으로 카페 푸슈킨은 제2의 전성기를 향해 도약하고 있다. 크기는 아주 작지만 그 맛에 있어서는 눈부신 놀라움을 자랑하는 푸슈키네트는 설탕을 입힌 깜찍한 크기의 슈케트로, 그 안에는 로즈, 럼, 프랄리네, 캐러멜 등의 맛을 내는 흐르는 듯한 크림이 들어 있다. 특히 캐러멜 푸슈키네트는 독특하게도 끓여 만든 캐러멜에 통카 빈, 카랑바(Carambar), 워서스 오리지널(Werther's original) 같은 캐러멜 사탕을 넣어 만든다. 이 셰프가 특별히 좋아하는 맛은 럼과 무스코바도* 설탕으로 만든 것으로, 달콤하고도 강렬한 향이 매력적이다. 작은 디저트들을 무시하면 안 된다.

슈케트 약 50개 분량   준비 시간 : 1시간 30분 ● 휴지 시간 : 12시간 ● 조리 시간 : 20분

재료

슈 페이스트리 La pâte à choux
우유 165g
버터 67g
소금 3g
바닐라 에센스 12g
오렌지 블러섬 워터 7g
바닐라 슈거 3g
밀가루 100g
달걀 170g
펄 슈거(우박설탕. 굵기 No.10) 적당량

크렘 파티시에
La crème pâtissière
우유 100g
휘핑크림(유지방 35%) 12g
설탕 22g
바닐라 빈 1줄기
달걀노른자 20g
커스터드 분말 6g
밀가루 6g
버터 6g

무스코바도 설탕과 럼을 넣은 크렘 마담
La crème Madame
au muscovado et vieux rhum
판 젤라틴 1.5 장
휘핑크림 400g
무스코바도 설탕 50g
크렘 파티시에 90g
올드 다크 럼 30g

완성하기 Montage et finition
장식용 슈거파우더 적당량
식용 색소 파우더 적당량

만드는 법

슈 페이스트리
냄비에 우유, 버터, 소금, 바닐라 에센스, 오렌지 블러섬 워터, 바닐라 슈거를 넣고 데운다. 끓으면 불에서 내린 뒤 밀가루를 넣고 주걱으로 세게 휘저어 섞어준다. 아주 약한 불에 냄비를 다시 올리고 2~3분간 계속 저어주며 반죽의 습기를 날린다. 반죽을 전동 스탠드 믹서 볼에 옮긴 다음, 플랫비터(나뭇잎 모양)를 장착한다. 믹서를 돌리면서 달걀을 조금씩 넣어준다. 반죽이 매끈하고 균일하게 혼합되면 원형 깍지(13mm)를 끼운 짤주머니에 넣는다. 베이킹 시트에 유산지를 깔고, 지름 약 2cm 크기로 동그랗게 슈케트 모양을 짜 놓는다. 슈케트 표면에 펄 슈거를 뿌린다. 160℃로 예열한 오븐에 넣고 20분간 구워낸다. 오븐에서 꺼낸 후 바로 식힘망에 올려 더 이상 슈가 익지 않도록 한다.

크렘 파티시에
소스팬에 우유, 휘핑크림, 설탕 10g, 길게 갈라 긁어낸 바닐라 빈 가루와 줄기를 모두 넣고 끓인다. 달걀노른자와 나머지 설탕, 커스터드 분말, 밀가루를 흰색이 날 때까지 잘 저어 혼합한다. 우유가 끓으면 바닐라 빈 줄기를 건져낸 다음, 달걀노른자 설탕 혼합물에 부으며 잘 섞는다. 이것을 다시 소스팬으로 옮겨 담고, 혼합물이 바닥에 눌어붙지 않도록 계속 저으면서 가열한다. 끓으면 불에서 내리고 버터를 넣어 혼합한다. 넓적한 용기에 옮겨 담은 뒤 주방용 랩을 크림에 밀착되게 덮어 냉장고에 보관한다.

무스코바도와 럼을 넣은 크렘 마담
판 젤라틴을 찬물에 담가 말랑하게 불린다. 휘핑크림에 무스코바도 설탕을 넣고 끓인다. 젤라틴을 건져 꼭 짠 다음 넣고 잘 섞는다. 이 뜨거운 액체를 크렘 파티시에에 붓고, 럼을 넣는다. 핸드 블렌더로 잘 혼합한 다음, 냉장고에 12시간 보관한다.

완성하기
크렘 마담을 거품기로 휘저어 휘핑한다. 원형 깍지(8mm)를 끼운 짤주머니에 넣고 슈케트 바닥에 구멍을 내어 크림을 채운다. 슈거파우더를 뿌려 장식한다.

*무스코바도 설탕(sucre muscovado): 사탕수수 즙에 당밀이 함유된 상태로 부분 정제하여 만든 거친 과립형태의 진한 갈색 설탕. 부드럽고 촉촉하며 당밀 맛이 강하다.

CHEESECAKE CASSIS ET CITRON JAUNE

블랙커런트 레몬 치즈케이크 by 니콜라 바셰르 NICOLAS BACHEYRE (UN DIMANCHE À PARIS)

"이토록 맛있는 케이크를 그렇게 볼품없이 만든다는 것이 안타까웠습니다."

미국에서 보낸 첫 해는 니콜라 바셰르에게 큰 감흥이 없었다. 치즈케이크를 먹는다는 것은 말도 안 되는 일이었다. 그가 알고 있는 파티스리의 속성과는 전혀 맞지 않는다고 생각했기 때문이다. 그저 그 곁을 맴돌 뿐 먹어볼 용기는 내지 못했으나, 어느 날 그 진짜 맛에 빠지고 난 이후로는 치즈케이크 마니아가 되었다. 이제 치즈케이크는 당근케이크와 함께, 그가 2년간 생활했던 미국에서의 가장 소중한 추억의 음식이 되었다. 프랑스로 돌아오면서 그는 "하지만 이렇게나 맛있는 케이크를 이런 모습으로밖에 만들 수 없는 게 안타깝다."고 생각했다. 그는 본래 레시피의 기본 틀은 고수하면서도 더 맛있고 본연의 우아함과 균형미를 잃지 않는 그 자신만의 치즈케이크를 만들기로 결심했다. 그는 기존의 붉은 베리류 과일 쿨리 대신 프랑스 터치를 가미하여 블랙커런트 퓌레를 사용했고, 요거트를 추가해 맛의 필수 요소인 산미를 더했다. 케이크를 스푼으로 잘라 입에 넣으면 크림치즈와 블랙커런트 잼이 각각 따로 섞이지 않은 채로 들어온다. 이 둘은 혼합되지 않은 상태로 입안 어디엔가 달콤함과 신선한 과일의 풍미로 자리한다. 이 부드럽고 조용한 상태에서 그 다음 미각을 자극하는 것은 아주 바삭하게 부서지는 비스킷과 블랙커런트 맛이 농축된 나파주이며, 동그란 케이크를 빙 둘러싼 화이트 초콜릿 띠는 그 맛의 풍성함을 한껏 높여준다.

미니 치즈케이크 8개 분량 준비 시간 : 2시간 30분 ● 조리 시간 : 20분 ● 휴지/냉장 시간 : 17시간

재료

바닐라 팽 드 젠
Le pain de Gênes à la vanille
아몬드 페이스트(아몬드 66%) 84g
설탕 15g
달걀 94g
쌀가루 27g
베이킹파우더 1g
무염 버터 25g
바닐라 빈 ½줄기

블랙커런트 콩피
Le confit de cassis
블랙커런트 퓌레 165g
블랙커런트(냉동) 270g
설탕(1) 16g
설탕(2) 34g
펙틴 가루* 6g

레몬 치즈케이크 베이스
L'appareil à cheesecake au citron
가루형 젤라틴 5g
물(1) 30g
크림치즈(Elle & Vire) 175g
설탕(1) 35g
달걀노른자(1) 35g
설탕(2) 65g
물(2) 20g
달걀노른자(2) 40g
생크림(유지방 35%) 260g
레몬 껍질 제스트 10g

비스퀴 크러스트
Le biscuit reconstitué
무염 버터 130g
황설탕 130g
고운 소금 1.5g
아몬드 가루 32g
헤이즐넛 가루 97g
쌀가루 110g
카카오버터 20g
화이트 초콜릿 75g

블랙커런트 글라사주
Le glaçage cassis
블랙커런트 퓌레 56g
옥수수 시럽 38g
향이 진하지 않은 나파주
(nappage neutre) 540g

물 310g
설탕 47g
펙틴 가루* 9g
식용 색소(레드) 적당량
식용 색소(블루) 적당량

완성하기 Montage et finition
식용 색소(화이트) 적당량
신선한 블랙커런트 적당량
식용꽃 데코레이션 적당량

*펙틴(pectine NH) : 과일 펄프를 원료로 한 펙틴질로 파티스리의 나파주(nappage) 용으로 주로 사용되며, 표면을 겔화하고 투명한 윤기를 낸다.

CHEESECAKE CASSIS ET CITRON JAUNE

블랙커런트 레몬 치즈케이크 by 니콜라 바셰르 NICOLAS BACHEYRE (UN DIMANCHE À PARIS)

만드는 법

바닐라 팽 드 젠

전동 스탠드 믹서에 플랫비터(나뭇잎 모양)를 장착한 다음, 믹싱볼에 아몬드 페이스트와 설탕을 넣고 설탕이 모두 녹을 때까지 중간 속도로 돌려 섞는다. 달걀 양의 1/3을 넣어준다.

달걀이 완전히 섞이면 플랫비터 핀을 빼고 거품기 핀을 장착한다. 남은 달걀을 조금씩 넣어주며 중간 속도로 잘 혼합한다. 이때 농도는 주걱으로 들어 올렸을 때 리본 띠처럼 흘러내리는 정도(ruban)가 되어야 한다. 믹서에서 볼을 분리한 후 나머지 재료는 실리콘 주걱을 사용해 손으로 혼합한다. 체에 친 쌀가루와 베이킹파우더를 넣고 조심스럽게 섞는다. 공기가 많이 빠져나가지 않도록 살살 혼합해야 구웠을 때 부드럽고 촉촉하다. 버터는 미리 녹이고 바닐라 빈을 갈라 긁어 넣어 향이 배도록 준비해둔다. 이 버터를 혼합물에 마지막으로 넣고 잘 섞는다. 베이킹 시트에 유산지를 깔고, 반죽이 익는 동안 흘러 넘치지 않도록 가장자리에 스텐 사각틀을 놓은 뒤 반죽을 부어 얇게 편다. 170℃로 예열한 오븐에서 약 10분간 구워낸다. 즉시 냉동실에 넣어 보관한다.

블랙커런트 콩피

소스팬에 블랙커런트 퓌레와 냉동 블랙커런트, 설탕(1)을 넣고 가열한다. 60℃가 되면 설탕(2)과 펙틴 가루 혼합물을 뿌려 넣고, 완전히 끓을 때까지 계속 저어준다. 구워둔 팽 드 젠 위에 곧바로 붓고 골고루 펼쳐 바른다. 다시 냉동실에 최소 4시간 이상 넣어둔다. 시간이 지난 후, 지름 5cm 원형 쿠키 커터로 찍어 모양을 만들고 다시 냉동실에 넣어둔다.

레몬 치즈케이크 베이스

젤라틴 가루를 물(1)에 적신다. 볼에 크림치즈와 설탕(1), 달걀노른자(1)를 넣고 거품기로 잘 저어 균일하게 혼합한다. 혼합물을 오븐용 용기에 넣고 90℃ 오븐에서 40분간 익힌다. 오븐에서 꺼낸 뒤 랩을 표면에 밀착시켜 덮어 냉장고에 최소 4시간 이상 보관한다. 시간이 지난 후, 파트 아 봉브(pâte à bombe)를 만든다. 우선 소스팬에 설탕(2)과 물(2)을 넣고 120℃가 될 때까지 가열한다. 동시에 달걀노른자(2)는 전동거품기를 중간 속도로 맞춰 거품을 올린다. 온도에 도달한 시럽을 달걀노른자에 아주 가늘게 부어주면서 계속 거품기를 돌린다. 물에 적신 젤라틴을 전자레인지에 살짝 돌려 미리 녹여 두었다가 달걀노른자 혼합물에 넣는다. 거품기의 속도를 빠르게 올린 후 2~3분 더 돌려 혼합한다. 냉장고에 넣어 두었던 크림치즈 베이스를 볼에 옮겨 담고 덩어리가 없이 풀어지도록 거품기로 잘 섞는다. 여기에 파트 아 봉브를 넣고 조심스럽게 거품기로 섞는다. 전동 스탠드 믹서 볼에 생크림을 넣고 거품기로 돌려 휘핑한다. 부드럽고 거품이 이는 무스 상태가 되면 적당하다. 거품 올린 크림을 혼합물에 넣고 모두 조심스럽게 다시 섞은 뒤, 레몬 제스트를 넣고 마무리한다.

치즈케이크 모양 만들기

원형 실리콘 몰드(Silikomart Professional Stone)에 짤주머니를 이용하여 치즈케이크 베이스 혼합물을 1/3가량 채운다. 가운데 동그랗게 잘라둔 블랙커런트 콩피와 팽 드 젠 시트를 놓고, 필요하면 치즈케이크 베이스를 좀 더 채운 다음 다시 냉동실에 6시간 동안 넣어둔다.

비스퀴 크러스트 만들기

전동 스탠드 믹서에 플랫비터(나뭇잎 모양)를 장착한다. 믹싱볼에 무염 버터(상온)와 황설탕, 고운 소금을 넣고 느린 속도로 천천히 섞는다. 아몬드 가루와 헤이즐넛 가루를 조금씩 넣어주고, 마지막으로 쌀가루를 넣어 잘 혼합한다. 반죽을 오래 치대서 너무 뭉쳐 팽창하지 않도록 최소한만 섞어주어야 구웠을 때 바삭하게 부스러지는 질감을 살릴 수 있으니 주의한다. 유산지 위에 반죽을 덜고 5mm 두께로 넓게 편 다음, 180℃로 예열한 오븐에 넣어 10분간 굽는다. 꺼내서 식힌 후, 냉장고에 1시간 정도 넣어둔다. 시간이 지난 후, 비스퀴를 불규칙한 입자로 굵직하게 부순다. 카카오버터와 화이트 초콜릿을 녹인 뒤, 부순 비스퀴에 붓고 잘 섞는다. 이것을 즉시 유산지 위에 3mm 두께로 얇게 편다. 지름 5cm 크기의 원형으로 커팅한 뒤 냉장고에 다시 1시간 동안 넣어둔다.

블랙커런트 글라사주

소스팬에 블랙커런트 퓌레, 옥수수 시럽, 나파주, 물을 넣고 50℃가 될 때까지 가열한다. 온도에 달하면 설탕과 펙틴 가루 혼합물을 뿌려 넣고, 거품기로 계속 잘 저으며 끓인다. 끓기 시작하면 불에서 내린 후, 식용 색소를 넣고 상온에서 식힌다. 35~40℃가 사용하기 가장 적당한 온도다.

완성하기

실리콘 몰드에서 치즈케이크를 분리한 다음 망 위에 올려놓는다. 글라사주를 끼얹을 수 있도록 케이크마다 간격을 넉넉히 두고 놓아야 한다. 각 케이크 위에 블랙커런트 글라사주를 붓고, 즉시 L자형 스패출러를 이용하여 표면을 매끈하게 밀어준다. 나무 꼬치를 케이크 중앙에 꽂아 옮겨서, 미리 잘라놓은 원형 비스퀴 크러스트 위에 얹는다. 화이트 초콜릿을 녹여 40~45℃ 온도로 준비한다. 미리 냉동실에 넣어둔 메탈 팬을 꺼내 그 위에 따뜻한 초콜릿을 부어 얇게 편다. 온도 차이로 인해 초콜릿이 차가운 팬 위에서 금방 굳는다. 재빨리 초콜릿을 띠 모양으로 잘라서 각 치즈케이크의 가장자리에 둘러준다. 신선한 블랙커런트와 허브, 꽃 등으로 장식하여 완성한다.

TARTE
VANILLE
& CARDAMOME

바닐라 카다멈 타르트 by 미카엘 바르토체티 MICHAEL BARTOCETTI (SHANGRI-LA, PARIS)

고도의 섬세함이 돋보이는 가장 본연에 가까운 맛의 향연

미카엘은 계량용 저울에만 철석같이 의존하는 파티시에가 아니다. 그는 자신이 만드는 디저트 하나하나마다 마치 요리사처럼 먹어보고, 수정하고, 맛을 조정하고, 다시 먹어보고 또 고친다. 그의 파티스리는 정확하고, 맛이 풍부하며 그 조화와 균형감에 있어 매우 논리적이다. 많은 사람에게 사랑을 받고 있는 그의 타르트는 무한한 맛의 가능성을 제시한다. 그가 파티스리를 만드는 방식은 최고급 호텔의 그것과 스트리트 푸드를 접목시킨 듯하다. 고급스럽고 섬세한 맛의 타르트를 가늘고 길쭉한 모양으로 만들어 간편하게 손으로 들고 먹을 수도 있게 했다. 부르봉과 타히티산을 섞어 사용하는 바닐라는 입에 넣기 전에 이미 그 진한 향기로 코끝을 자극하며 뒤에 이어질 타르트 맛의 예고편 역할을 한다. 한 입을 베어 물자마자 피칸 프랄리네를 맛볼 수 있으며 이어서 향이 풍부한 바닐라 크림을 만난다. 크러스트를 깨물고 나면 연이어 레이스처럼 얇고 바삭한 크리스피 과자가 사르르 부서진다. 맛의 여정 맨 끝을 장식하는 것은 카다멈 향으로, 이것은 오랜 동안 기억에 남을 만큼 인상적이다. 크렘 브륄레에서 가나슈, 더욱 가벼운 텍스처를 느낄 수 있는 가나슈 몽테에 이르기까지 이 타르트가 보여주는 다양한 식감의 변주는 그야말로 다채롭다. 감추고 있는 듯하지만 이 멋진 디저트는 그만의 매력적인 면모를 뚜렷이 지니고 있다.

8인분 ● 준비 시간 : 2시간 30분 ● 조리 시간 : 30분 ● 냉장 보관 시간 : 24시간

재료

바닐라 카다멈 가나슈
La ganache vanille et
cardamome
생크림(UHT 초고온 멸균) 150g
타히티 바닐라 빈 1줄기
마다가스카르 바닐라 빈 1줄기
그린 카다멈 3g
젤라틴 매스 15g (가루형 젤라틴을
부피 5배 분량의 물에 적셔놓는다)
화이트 커버처 초콜릿
　(Opalys de Valrhona) 155g
가염 버터 25g

피칸 바닐라 프랄리네
Le praliné pécan et vanille
피칸 100g
아몬드 50g
설탕 100g
물 20g
고운 소금 1g
마다가스카르 바닐라 빈 1줄기

바닐라 레몬 파트 사블레
La pâte sablée
vanille citronnée
밀가루(박력분 T45) 250g
슈거파우더 90g
식용 숯가루(charbon végétal) 2.5g
고운 소금 6g
소금(플뢰르 드 셀) 3g
버터 190g

달걀노른자 6g
마다가스카르 바닐라 빈 2줄기
레몬 껍질 제스트 ½개분

타히티 바닐라 크렘 브륄레
La crème brûlée vanille de
Tahiti
우유 40g
생크림(UHT 초고온 멸균) 200g
타히티 바닐라 빈 2줄기
달걀노른자 50g
설탕 35g
젤라틴 매스 21g

바닐라 가나슈 몽테
La ganache montée vanille
생크림(UHT 초고온 멸균) 200g
부르봉 바닐라 빈 2줄기
젤라틴 매스 10g
화이트 커버처 초콜릿
　(Opalys de Valrhona) 45g

크리스피 과자
Les gavottes croustillantes
물 330g
버터 30g
소금 2.5g
슈거파우더 100g
밀가루(박력분 T45*) 30g
식용 숯가루(charbon végétal) 4g
달걀흰자 72g
바닐라 빈 1줄기

---

* farine T45 : 프랑스 밀가루 Type 45는 파티스리용 흰 밀가루로 회분 함량 0.5% 미만, 단백질 함량 9% 이하이다. 퓌유테, 크레프, 브리오슈 반죽용으로 많이 사용되며, 비에누아즈리, 피낭시에 등의 구움 과자류를 만들 때 주로 쓴다. 한국의 박력분 또는 케이크 밀가루에 가장 가깝다. 참고로 박력분의 단백질 함량은 10% 이하이다.

TARTE VANILLE & CARDAMONE
바닐라 카다멈 타르트 by 미카엘 바르토체티 MICHAEL BARTOCETTI (SHANGRI-LA, PARIS)

만드는 법

바닐라 카다멈 가나슈

소스팬에 생크림과 길게 갈라 긁은 바닐라 빈, 카다멈을 넣고 90℃까지 데운 다음, 뚜껑을 닫고 10분 정도 향이 우러나게 둔다. 랩을 크림에 밀착 시켜 덮은 뒤 냉장고에 24시간 보관한다. 하루가 지난 뒤 크림을 다시 끓인 다음 물에 적셔 놓은 젤라틴 매스를 넣고 잘 섞는다. 체에 거르면서 세 번에 나누어 녹여 둔 초콜릿 위에 붓는다. 혼합물의 온도가 40℃가 되면 버터를 넣으면서 블렌더로 갈아 잘 혼합한다. 식힌 후 상온으로 사용한다.

피칸 바닐라 프랄리네

베이킹 팬에 피칸과 아몬드를 한 켜로 펼쳐 놓고 150℃ 오븐에서 6~7분간 로스팅한다. 소스팬에 설탕과 물을 넣고 끓여 120℃가 되면 피칸과 아몬드를 넣고 잘 저어준다. 처음엔 시럽이 모래와 같은 질감으로 굳으며 뭉치다가 점점 캐러멜화된다. 소금을 넣고 섞은 뒤, 실리콘 패드에 쏟아 넓게 펼쳐 놓고 식힌다. 식으면 믹서에 넣고 간다. 믹서의 파워가 강하지 않을 경우, 캐러멜라이즈된 단단한 견과류를 분쇄하는 동안 모터가 과열될 위험이 있으니, 중간중간 열을 식혀가면서 갈아주는 것이 안전하다. 프랄리네를 직접 만들 시간이 없다면 시중에서 구입해 사용해도 된다(Une Souris et des Hommes 또는 Pierre Hermé에서는 아주 맛있는 프랄리네를 구입할 수 있다). 바닐라 빈 1줄기를 긁어 넣어 프랄리네에 향을 더해주면 더없이 완벽해진다.

바닐라 레몬 파트 사블레

밀가루와 슈거파우더, 식용 숯가루를 혼합해 체에 친 다음 소금과 차가 운 버터를 넣는다. 전동 스탠드 믹서에 플랫비터(나뭇잎 모양)를 장착한 다음, 가장 낮은 속도로 돌려 모래와 같은 질감이 되도록 혼합한다. 바닐라 빈을 긁어 넣고, 레몬 제스트도 갈아 넣어준다. 달걀노른자를 넣으며 계속 혼합하여 균일한 반죽을 만든다. 반죽을 덜어내 파티스리용 밀대를 사용하여 2mm 두께로 얇게 밀어준 다음, 가로 15cm 세로 4cm의 직사 각형으로 자른다. 유산지를 씌운 파티스리용 구리 파이프에 직사각형 반죽을 길이로 말아 붙이고, 150℃ 오븐에서 16분간 구워낸다. 식으면 우묵한 반 원형의 사블레 안쪽 바닥에 녹인 화이트 초콜릿을 붓으로 발라 방수막을 만들어준다.

타히티 바닐라 크렘 브륄레

우유와 생크림에 바닐라 빈을 갈라서 긁어 넣고 끓인 다음 불에서 내린 다. 뚜껑을 닫고 20분 정도 그대로 두어 향을 우려낸다. 볼에 달걀노른자 와 설탕을 넣고 흰색이 될 때까지 거품기로 잘 저어 혼합한다. 우유와 크 림을 다시 끓여 1/3을 달걀노른자 설탕 혼합물에 붓고 재빨리 거품기로 저어 섞는다. 이것을 다시 나머지 우유와 크림이 있는 냄비에 붓고, 계속 저으면서 90℃가 될 때까지 익힌다. 불에서 내린 후 재빨리 식힌다. 핸드 블렌더로 갈아 혼합한 다음 냉장고에 보관한다.

바닐라 가나슈 몽테

생크림에 바닐라 빈을 갈라서 긁어 넣고 가열한 다음 불을 끄고 30분간 향을 우려낸다. 다시 데운 후 끓기 전에 살짝 녹인 젤라틴 매스(젤라틴 가루를 미리 물에 적셔 불려놓은 것)를 넣고 잘 섞는다. 체에 거르면서 세 번에 나누어 녹여 둔 화이트 초콜릿 위로 붓고 블렌더로 혼합한다. 24시간 동안 냉장고에 넣어둔다. 사용하기 바로 전에 전동 스탠드 믹서로 휘핑하여 거품을 올린다.

크리스피 과자

밀가루를 체에 친 다음 슈거파우더, 식용 숯가루와 섞어둔다. 물, 버터, 소금을 끓여 밀가루 혼합물에 붓고 잘 섞는다. 반죽이 균일하게 혼합되면 달 걀흰자와 길게 갈라 긁은 바닐라 빈을 넣는다. 잘 섞은 뒤 반죽을 실리콘 패드 위에 2mm 두께로 얇게 밀어 편 다음, 170℃ 오븐에서 20분간 굽는 다. 오븐에서 꺼내 가로 1.5cm, 세로 7cm 크기의 직사각형으로 자른 다음, 지름 2cm 사이즈의 파이프에 돌돌 말아 파삭한 롤 모양의 과자를 만든다.

완성하기

바닐라 레몬 사블레 시트 위에 바닐라 크렘 브륄레를 짤주머니로 짜 넣는 다. 바닐라 카다멈 가나슈를 올린 다음 피칸 프랄리네를 얹는다. 맨 위에 거품 올린 바닐라 가나슈 몽테를 짜 얹어 마무리 한 다음, 돌돌 말린 크 리스피 과자를 얹어 완성한다.

TARTE CITRON MERINGUÉE

레몬 머랭 타르트 by 야닉 베젤 YANNICK BEGEL (LES ÉTANGS DE COROT)

소박하고 정직한 천연 과일의 맛을 담아내는 파티스리

많은 파티시에가 흔히 그렇듯 어릴 적부터 케이크에 흠뻑 빠졌다는 야닉 베젤은 보쥬(Vosges) 숲에서 직접 따온 블루베리와 딸기, 라즈베리로 온 가족이 함께 타르트를 만들던 추억을 갖고 있다. 그는 새 디저트를 개발할 때마다 자연 그대로의 과일을 출발점으로 삼는다. 이 경우는 레몬이 바로 그것이다. 여기에 다양한 아이디어를 접목해 발전시킨 레몬 타르트는 그가 지향하는 디저트 맛의 기준이다. 레몬 타르트 그 자체로도 아주 맛있지만, 그는 여기에 전문 제과제빵사로서 자신만의 감각을 한 켜 더 입혔다. 그가 만든 레몬 타르트는 새콤하고 풍부한 맛을 지녔으며 파트 사블레 시트가 주는 바삭함도 중요한 한몫을 한다. 크림과 타르트 시트가 만났을 때 축축해지지 않고 그 파삭함을 끝까지 유지할 수 있도록 사이에 팽 드 젠을 살짝 한 겹 넣어주는 그만의 묘수는 이 타르트를 더욱 특별하게 해준다. 아몬드와 레몬을 넣어 만드는 이 스펀지 시트는 마치 쿠션처럼 부드럽고 폭신하다. 이렇게 레몬은 다시 태어난다.

4인분 준비 시간 : 1시간 30분 ● 휴지 시간 : 2시간 ● 조리 시간 : 2시간 30분

재료

파트 쉬크레 La pâte sucrée
슈거파우더 40g
상온의 부드러운 버터 60g
아몬드 가루 12g
달걀 30g
밀가루 100g

레몬 크림 La crème citron
달걀 90g

설탕 88g
옥수수 녹말(Maïzena®) 6g
레몬 껍질 제스트 2개분
버터 185g
레몬즙 125g

레몬 팽 드 젠
Le biscuit pain de Gênes citron
아몬드 페이스트 100g

달걀 2개
버터 33g
밀가루 20g
베이킹파우더 1.2g
레몬 껍질 제스트

글라사주 Le glaçage
판 젤라틴 1장
생크림 112g

화이트 초콜릿(Ivoire de Valrhona)
188g
식용 색소(노랑)
향이 강하지 않은 나파주 75g

프렌치 머랭
La meringue française
달걀흰자 25g
설탕 20g
슈거파우더 20g

만드는 법

파트 쉬크레
체에 친 설탕과 버터, 아몬드 가루를 주걱으로 잘 섞는다. 달걀을 넣고 혼합한다. 여기에 밀가루를 체에 쳐 뿌려준다. 너무 세지 않게 대충 섞어 반죽을 만든다. 2시간 동안 휴지시킨 후, 2mm 두께로 밀어 편다. 밀어 놓은 반죽을 타르트 틀에 깔고 포크로 군데군데 찍어준다. 180℃로 예열한 오븐에서 15~20분 구워낸다.

레몬 크림
달걀과 설탕, 옥수수 녹말가루, 레몬 제스트 간 것을 볼에 넣고 거품기로 잘 저어 흰색이 될 때까지 혼합한다. 소스팬에 버터와 레몬즙을 넣고 가열해 녹인 후 끓기 시작하면 달걀 설탕 혼합물을 넣고 크렘 파티시에를 만들듯이 저어가며 익힌다. 완성된 레몬 크림을 파트 쉬크레 틀과 같은 사이즈의 실리콘 몰드나 랩을 씌운 무스 링에 부은 다음 급속 냉동한다.

레몬 팽 드 젠
믹서에 아몬드 페이스트를 넣고 몇 초간 돌려준다. 달걀을 넣고 균일한 질감이 될 때까지 혼합한다. 버터를 45℃로 녹이고, 밀가루와 베이킹파우더는 체에 친다. 전동 스탠드 믹서에 거품기 핀을 장착하고, 달걀 아몬드 페이스트 혼합물을 넣는다. 곱게 간 레몬 제스트와 녹인 버터를 넣어준 다음 혼합물이 균일해질 때까지 잘 섞는다. 체에 친 밀가루와 베이킹파우더를 넣고 잘 혼합한다. 이때 농도는 반죽을 주걱으로 떠 올렸을 때 리본

띠 모양으로 흘러 떨어지는 정도(ruban)가 되어야 한다. 파트 쉬크레 시트를 구운 타르트 틀 크기와 같은 사이즈의 무스 링에 반죽을 붓고, 160℃로 예열한 오븐에서 10분간 구워낸다.

글라사주
판 젤라틴을 물에 15분 정도 불려 말랑하게 한다. 생크림을 끓인 다음, 잘게 다져 놓은 초콜릿 위에 3번에 나누어 붓고 잘 섞는다. 식용 색소와 물에 꼭 짠 젤라틴을 넣고 잘 섞는다. 나파주를 70℃ 온도로 녹여 넣어준다. 체에 걸러 식힌다.

프렌치 머랭
달걀흰자에 설탕을 3번에 나누어 넣어가며 거품을 올린다. 슈거파우더를 넣어준다. 원형 깍지를 끼운 짤주머니에 넣고 베이킹 팬 위에 뾰족한 모양으로 끊어 짠다. 80℃ 오븐에서 2시간 굽는다.

완성하기
글라사주를 30℃로 따뜻하게 녹인다. 냉동한 레몬 크림을 원형 틀에서 분리한 후 글라사주를 끼얹어 씌우고 스패출러를 사용하여 매끈하게 밀어 표면을 다듬는다. 타르트 시트 위에 팽 드 젠 스펀지를 놓고, 그 위에 레몬 크림을 놓는다. 머랭을 가장자리에 빙 둘러 붙이고, 화이트 초콜릿, 핑거 라임(citron caviar) 등으로 장식한다.

MAD'LEINE
BLACK/ORANGE

블랙 오렌지 마들렌 by 아크람 베날랄 AKRAME BENALLAL (MAD'LEINE)

이제는 어른들의 큰 사랑을 받는 어린 시절 추억의 과자, 마들렌

요리사인 그를 케이크의 세계로 이끌어낸 중요한 화두는 제대로 된 훌륭한 파티스리를 만들어야 한다는 것이었다. 그가 심혈을 기울인 것은 그 누구도 거부할 수 없는 궁극의 과자, 바로 마들렌이다. 볼록하게 솟은 모양의 이 부드럽고 위안을 주는 간식은 모든 이의 마음을 하나로 모으는 힘이 있다. 아크람 베날랄 셰프는 마들렌이 아이들보다 어른들이 더 좋아하는 과자라고 판단했다. 이미 유명한 셰프인 그는 파티스리의 가장 아름다운 기법과 코드를 모두 응용한 진정한 어른들의 마들렌을 탄생시켰고, 이것은 오랫동안 사랑을 받을 것이다. 라이스 푸딩 캐러멜 마들렌, 새콤한 글라사주를 입힌 레몬 마들렌, 속이 촉촉한 초콜릿 마들렌 등 그 종류는 매우 다양하다. 심지어 오후 간식용으로 바닷가에서 사먹는 아이스크림 콘을 연상케 하는 아이스 마들렌도 만들어낼 계획이다. 셰프에게 즉석에서 제일 좋아하는 단 한 가지만 골라 달라고 부탁했더니 그는 레몬 마들렌을 추천했다. 먹을 때는 거꾸로 들고 입에 넣어 새콤하고 시원한 촉감의 그리 달지 않은 글라사주가 먼저 혀에 닿게 한다. 굳은 글라사주가 아삭한 소리를 내면서 깨지면, 이어서 한없이 부드럽고 폭신한 레몬향 가득한 과자를 맛볼 수 있다. 마지막은 산뜻한 킥을 선사하는 레몬 제스트가 장식하는데, 이 여운은 마들렌을 다 먹고 난 후까지 길게 이어진다.

중간 크기 마들렌 6개 분량 준비 시간 : 20분 ● 휴지 시간 : 24시간 ● 조리 시간 : 12분

재료

마들렌 반죽
L'appareil pour madeleines
유기농 달걀 60g
설탕 42g
유기농 밀가루 88g
이스트 6g

식용 숯가루 1.35g
유기농 우유 24g
메밀 꿀 23g
버터 76g

오렌지 필링 L'insert à l'orange
오렌지 잼 20g

만드는 법

마들렌

믹싱볼에 달걀, 설탕을 넣고 거품기로 5분간 돌려 혼합한다. 밀가루와 이스트, 식용 숯가루를 조금씩 넣어가며 잘 섞는다. 냉장고에 보관한다. 소스팬에 우유와 꿀을 넣고 약하게 끓을 때까지 가열한다. 불에서 내린 후 믹싱볼 안의 혼합물에 붓는다. 녹인 버터도 넣고 함께 잘 섞는다. 마들렌 반죽을 최소한 하룻밤 냉장고에 넣어 휴지시킨다. 다음 날 반죽을 다시 섞지 않은 상태로 짤주머니에 넣고, 미리 버터를 바르고 밀가루를 묻혀 둔 마들렌 틀에 3/4 정도 채워 넣는다. 실리콘 틀의 경우는 버터와 밀가루를 묻혀 두지 않아도 된다. 173℃로 예열된 오븐에서 10~15분간 구워낸다.

완성하기

오븐에서 꺼낸 후 즉시 마들렌을 틀에서 분리한다. 오렌지 잼을 짤주머니에 넣고 작은 깍지를 낀 다음 마들렌 안에 짜 넣는다.

CAKE À LA FRAISE

딸기 파운드케이크 by 니콜라 베르나르데 NICOLAS BERNARDÉ

"입맞춤처럼 부드럽고 달콤한 최고의 맛을 지닌 케이크, CaKISSime"

제과제빵사인 아버지를 둔 니콜라 베르나르데는 진로를 놓고 유리공예사와 파티시에 사이에서 고민하다가 결국은 파티시에의 길을 택했다. 유리공예는 취미로 계속 즐기고 있다. 사실 설탕공예에서 공기를 불어 넣거나 캐러멜을 잡아당겨 모양을 늘리는 작업 등은 유리공예의 그것과 많이 닮아 있다. 그가 MOF(프랑스 명장) 타이틀을 위해 노력을 기울인 이 작업들은 설사 유리공예를 직업으로 삼았더라도 열심히 연마했을 그런 기술과 다르지 않다. 파운드케이크에 대한 그의 열정과 집착은 실로 대단하다. 아침, 점심, 간식시간, 저녁 등 때를 가리지 않고 그는 언제나 파운드케이크를 즐겨 먹었고, 급기야는 파운드케이크 전문 부티크를 열고 싶어 했다. 그가 맨 처음 만든 파운드케이크는 설탕에 졸인 과일 콩피를 넣어 만든 것과 할머니의 레시피를 토대로 하여 만든 팽 데피스(pain d'épice)였다. 그는 단순히 차와 곁들여 먹는 케이크 그 이상의 무엇인가를 만들어볼 수 있겠다는 신념을 가지고 나름의 길을 개척하기 시작했다. 이 케이크는 입맞춤과 같은 부드러움과 사랑스러움을 느낄 수 있다는 뜻으로, 케이크(cake)와 키스(kiss)를 조합하여 '케이키심(cakissimes)'이라는 이름이 붙었다. 그는 파운드케이크를 크리스마스 뷔슈, 박스 케이크, 러브 케이크 등 다양하게 응용하는 재능을 보여준다. 일반 케이크처럼 멋과 정성을 더해 만들어 내는 그의 파운드케이크는 시대를 초월하여 많은 이의 사랑을 받는 팔방미인의 역할을 제대로 해내고 있다.

4인분 준비 시간 : 1시간 ● 조리 시간 : 35분

재료

팽 드 젠 비스퀴
Le biscuit pain de Gênes
달걀 300g(약 6개)
설탕(1) 50g
생 아몬드 페이스트 300g
고운 소금 3g

레몬 껍질 제스트 4g
정제 버터 125g
쌀가루 30g
베이킹파우더 5g
달걀흰자 150g
설탕(2) 30g

딸기 쿨리와 잔탄검
Le coulis de fraises et xanthan
딸기 과육 퓌레 400g
설탕 150g
알긴산* 9g
잔탄검** 3g

*알긴산(alginic acid, alginate): 해초류에 함유된 다당류로 식품에서는 아이스크림, 잼, 마요네즈 등의 점성도를 증가시키는 증점 안정제로 사용된다.

**잔탄검(xanthan gum, gomme de xanthan): 식품의 점착성 및 점도를 증가시키고 유화 안정성을 증진하며, 물성 및 촉감을 향상시키기 위해 쓰이는 식품첨가물.

만드는 법

팽 드 젠 비스퀴
푸드 프로세서 볼에 달걀, 설탕, 아몬드 페이스트, 소금, 레몬 제스트를 넣고 돌려 혼합한다.
볼을 중탕으로 올려 55℃가 될 때까지 가열한다. 혼합물을 주걱으로 떠 올렸을 때 리본 띠 모양으로 떨어지는 상태(ruban)가 되면 식을 때까지 거품기로 잘 휘젓는다. 버터를 50℃ 정도로 녹여 데운 후 혼합물 분량의 반과 주걱으로 잘 섞어준다. 쌀가루와 베이킹파우더를 체에 친 다음 나머지 혼합물 반과 혼합한다. 달걀흰자에 설탕(2)을 조금씩 넣어가며 휘핑하여 거품기를 들어 올렸을 때 끝이 새부리 모양(bec d'oiseau) 상태가 되는 농도를 만든다. 세 가지 혼합물을 한데 모아 조심스럽게 섞는다. 지름 16cm 원형틀에 반죽을 붓고, 180℃로 예열한 오븐에서 10분간 구운 후, 온도를 160℃로 내리고 다시 25분간 구워낸다.

딸기 쿨리와 잔탄검
소스팬에 딸기 과육 퓌레를 넣고 데운다. 설탕과 알긴산, 잔탄검 가루를 혼합한 뒤, 딸기 퓌레에 솔솔 뿌려 넣고 거품기로 계속 저어주며 '아 라 구트(à la goutte)' 농도가 될 때까지 끓인다. 즉, 찻잔 접시에 쿨리를 한 방울 떨어뜨리고 몇 초간 기다린 후 접시를 세로로 세웠을 때, 쿨리 방울이 굳어서 흘러내리지 않는 상태를 말한다. 이 농도로 완성되면 쿨리를 용기에 덜고 랩을 표면에 밀착되게 씌워 보관한다.

완성하기
팽 드 젠 비스퀴의 가운데를 원형으로 잘라내고, 짤주머니를 이용해 그 자리에 따뜻한 딸기 쿨리를 채워 넣는다. 딸기 쿨리가 굳도록 냉장고에 넣어둔다.
팽 드 젠 스펀지를 구울 때 16cm 크기의 틀이 없으면, 나무로 된 카망베르 치즈 포장 상자를 사용해도 된다.

TONKA CITRON VERT ET NOISETTE

통카 빈, 라임, 헤이즐넛 타르트
by 에르완 블랑슈 & 세바스티앵 브뤼노 ERWAN BLANCHE ET SÉBASTIEN BRUNO (UTOPIE)

더 이상 상상 속의 유토피아가 아닙니다

오랜 친구인 에르완과 세바스티앵은 언제나 무언가를 함께 하고 싶어 했다. 그런 이들이 베이커리를 한다고 했을 때 사람들은 "파리에서 맛있으면서도 비싸지 않은 곳이 있다면 그곳은 아마도 이상향이겠지."라고 말했다. 말 그대로 유토피아를 지향하는 이 두 친구는 맛과 가격이라는 두 가지 요건을 충족시키는 진정한 모범을 보여주었고, 매장 이름도 유토피아(Utopie)라고 지었다. 이곳의 파티스리는 아주 맛있고 가격도 착하다. 통카 빈과 라임의 조합을 출발점으로 해 만든 이 타르트는 그 형태에 있어서도 최적의 합리화를 꾀했다. 불필요한 가장자리를 없애 낭비를 최소화했고, 가운데 부분이든 가장자리 쪽이든 균등한 모습을 띠도록 했다. 겉으로 보기엔 타르트의 중앙 부분만 모양대로 정확히 잘라 만든 듯하지만, 실은 그냥 있는 그대로 재료를 조합해 얹어 만든 것이라서, 실제로 어느 부분을 잘라도 전혀 실망스럽지 않다는 점이 이 케이크의 신의 한 수다. 타르트를 입에 넣으면 우선 입에서 부드럽게 녹는 가나슈에 이어 바삭한 비스퀴의 식감이 대조를 이룬다. 마지막엔 라임의 상큼한 향기가 끊임없이 입안을 자극한다. 더 이상 상상 속의 유토피아가 아닌 현실에서 즐기는 이상적인 맛이다.

6인분 준비 시간 : 2시간 ● 조리 시간 : 15~20분 ● 냉장 시간 : 25시간

재료

파트 사블레 La pâte sablée
밀가루 65g
슈거파우더 18g
아몬드 가루 8g
소금 한 꼬집
버터 35g
달걀 20g

프레스드 사블레 Le sablé pressé
파트 사블레 130g
헤이즐넛 프랄리네 50g
퓌유틴* 45g
버터 15g

헤이즐넛 크림
Le crémeux noisette
가루형 젤라틴 1.5g
물 10g

우유 35g
헤이즐넛 프랄리네 200g
생크림 80g

통카 빈 가나슈 La ganache tonka
통카 빈 적당량
라임 껍질 제스트 적당량
생크림(1) 30g
화이트 초콜릿 40g
생크림(2) 80g

완성하기 Montage et finition
라임 껍질 제스트 적당량
로스팅한 헤이즐넛 적당량

*퓌유틴(feuilletine) : 레이스처럼 아주 얇고 바삭한 과자를 부순 것으로, 파티스리에 사용되어 크리스피한 식감을 더해준다.

만드는 법

파트 사블레
볼에 밀가루, 슈거파우더, 아몬드 가루와 소금을 넣는다. 버터를 넣고 손가락으로 잘 혼합해 모래와 같은 질감이 되도록 한다. 달걀을 풀어 넣는다. 잘 섞어 반죽이 균일해지면 둥글게 만들어 랩으로 씌운 뒤 냉장고에 최소 1시간 이상 넣어둔다. 유산지 위에 반죽을 놓고 파티스리용 밀대를 사용하여 대충 납작하게 민다. 180℃로 예열한 오븐에서 10~15분간 구운 뒤 꺼내서 망 위에 올려 식힌다.

프레스드 사블레
구워서 식힌 파트 사블레를 거칠게 부순 다음 프랄리네와 퓌유틴을 넣고 섞어준다. 녹인 버터를 넣어 혼합한 뒤 곧바로 직사각형 틀(12cm×16cm)에 꼭꼭 눌러 채워 넣는다. 냉장고에 넣어 굳힌다.

헤이즐넛 크림
젤라틴 가루를 찬 물에 적셔 불린다. 우유를 끓인 다음 물에 불린 젤라틴을 넣고, 프랄리네와 혼합한다. 크림을 넣고 잘 개어준 다음 믹서로 간다. 사용하기 전에 12시간 동안 냉장고에 넣어둔다.

통카 빈 가나슈
가늘게 간 통카 빈과 라임 제스트를 뜨거운 생크림(1)에 넣고 향이 우러나게 한 다음, 잘게 부순 화이트 초콜릿에 붓는다. 생크림(2)을 다시 넣어 잘 개어주며 섞는다. 냉장고에 12시간 보관한다. 전동 스탠드 믹서 볼에 혼합물을 넣은 뒤 거품기를 돌려 휘핑한다. 부드러운 가나슈 농도가 되면 12mm 크기의 원형 깍지를 끼운 짤주머니에 넣는다.

완성하기
헤이즐넛 크림을 짤주머니(원형 깍지 15mm)에 넣고 프레스드 사블레 시트 위에 긴 원통형으로 나란히 짜준다. 짤주머니(원형 깍지 12mm)에 넣어 둔 통카 빈 가나슈를 뾰족한 물방울 모양으로 헤이즐넛 크림 위에 짜서 채워 놓는다. 레몬 제스트를 뿌리고, 반으로 쪼갠 헤이즐넛을 얹어 장식한다.

WEDDING CAKE

웨딩 케이크 by 조나단 블로 _JONATHAN BLOT (ACIDE MACARON)_

예술 작품을 만드는 듯한 정성이 깃든 개성과 매력의 파티스리

"우리 파티시에들은 쇼 케이스에 진열할 멋진 케이크를 만드는 데 엄청난 시간과 공을 들입니다. 마치 아티스트들이 퇴직한 후 집 거실 벽에 걸어 놓을 훌륭한 작품을 몰두해서 그려내듯이 말이죠." 조나단 블로는 아찔할 정도로 매력적인 케이크를 만든다. 들고 가는 동안 혹시라도 흐트러지면 어쩌나 하는 걱정에 얼른 먹어야 할 정도다. 그 자신이 케이크를 무척 좋아하는 만큼, 케이크 만드는 열정 또한 대단하다. 마카롱 전문점인 그의 부티크 아시드(Acide)의 디저트를 맛본 이들은 그 맛과 매력에 흠뻑 빠져 열광한다. 그는 고정관념으로부터 탈피한 재료와 맛의 조화를 선보이기 위해 늘 고민한다. 디저트마다 개성 있는 향신료나 소스 등의 부스터를 등장시켜 교감의 중심을 만든다. 이 아름다운 웨딩 케이크는 축제의 느낌이 가득한 재미있고 신선한 디저트다. 캐러멜과 스파이스, 커피의 조합을 기본으로 하였고, 계절에 따라 망고로 변화를 주기도 한다.

4인분　준비 시간 : 2시간 ● 조리 시간 : 22분 ● 냉장 시간 : 4시간 30분

재료

비스퀴 스페퀼로스
Le biscuit au spéculoos
상온의 부드러운 버터 50g
갈색 사탕수수 설탕 50g
설탕 15g
소금 0.5g
우유 10g
달걀노른자 10g
밀가루 100g
베이킹파우더 3g
스페퀼로스 향신료 믹스(후추, 계피, 생강, 정향, 카다멈, 넛멕) 2.5g

커피 바바루아즈
La bavaroise au café
판 젤라틴 3.6g
물 150g
에티오피아 커피가루 20g
분유 43.2g
설탕 45g
카카오버터 70g
생크림(유지방 35%) 216g

비스퀴 라바니 Le biscuit ravani
달걀노른자 90g
설탕(1) 75g

달걀흰자 135g
설탕(2) 30g
밀가루(다목적용 중력분 T55) 60g
듀럼 밀가루 105g

커피 펀치 Le punch au café
물 1250g
카다멈 3g
에티오피아 커피가루 150g

캐러멜 글라사주
Le glaçage au caramel
판 젤라틴 5g
설탕 200g

생크림 150g
물(1) 150g
감자 전분 13g
찬물(2) 25g
화이트 커버처 초콜릿
 (Ivoire de Valrhona) 100g

커피 필링 L'insert au café
판 젤라틴 3g
에티오피아 커피가루 42.4g
생수 288g
당밀(mélasse) 48g

만드는 법

비스퀴 스페퀼로스
버터, 두 종류의 설탕, 소금, 우유를 섞은 뒤 달걀노른자와 기타 가루 재료와 혼합한다. 반죽을 랩으로 싼 뒤 냉장고에서 30분 휴지시킨다. 밀대로 얇게(3mm) 민 다음, 지름 7cm 원형 커터로 잘라 165℃ 오븐에서 14분간 굽는다.

커피 바바루아즈
젤라틴을 찬물에 담가 불린다. 물을 가열해 90℃가 되면 커피에 붓고 6분간 향을 우려낸 다음 고운 필터로 거른다. 여기에 분유와 설탕을 넣고 끓인다. 카카오 버터에 붓고, 핸드 블렌더로 갈아 에멀전화한다. 물을 꼭 짠 젤라틴을 넣고 다시 갈아 혼합한다. 생크림을 전동 스탠드 믹서 볼에 넣고 거품기로 부드러운 크림 상태가 될 때까지 돌린다. 온도가 30℃로 식은 바바루아즈 크림에 거품 올린 생크림을 넣고 실리콘 주걱으로 살살 혼합한다.

비스퀴 라바니
달걀노른자와 설탕(1)을 중탕으로 불에 올리고 잘 저으며 55℃가 될 때까지 가열한다. 주걱으로 떠올렸을 때 리본띠 모양으로 떨어지는 농도(ruban)가 될 때까지 거품기로 젓는다. 동시에 달걀흰자를 믹싱볼에 넣고 설탕(2)을 조금씩 넣어가며 너무 단단하지 않게 거품을 올린다. 밀가루와 듀럼 밀가루를 체에 내린 후 달걀 설탕 혼합물에 뿌려 넣고 실리콘 주걱으로 잘 섞은 후, 거품 올린 달걀흰자를 넣어 조심스럽게 돌려가며 섞는다. 유산지를 깐 베이킹 팬에 혼합물을 부은 다음, 180℃ 오븐에서 8분간 구워낸다.

커피 펀치
카다멈 열매를 으깨 물과 함께 끓인 다음, 커피가루에 붓고 10분간 향을 우린다. 고운 필터에 걸러 35℃의 온도로 사용한다.

캐러멜 글라사주
젤라틴을 찬물에 담가 불린다. 소스팬에 설탕을 넣고 센 불로 가열해 드라이 캐러멜을 만든다. 갈색이 나기 시작하면, 미리 80℃로 데워둔 생크림과 물(1)을 넣고 잘 섞는다. 미리 물(2)에 개어둔 녹말가루를 넣는다. 다시 가열해 끓으면 초콜릿에 붓고 잘 혼합한다. 혼합물의 온도가 60℃까지 내려오면 물기를 꼭 짠 젤라틴을 넣고 잘 섞어준다.

커피 필링
젤라틴을 찬물에 담가 불린다. 생수에 커피를 넣고 15분간 차가운 상태에서 향이 우러나게 한다. 필터에 거른 후 커피프레스로 누른다. 커피를 따라내 당밀을 넣고 데운 후, 물을 꼭 짠 젤라틴을 넣고 섞는다. 지름 4cm 원형 실리콘 틀에(Flexipan) 붓고, 급속 냉동한다.

완성하기
높이 2.5cm짜리 원형 틀을 3종류 크기(각각 지름 7cm, 4.5cm, 2.5cm)로 준비한다. 커피 바바루아즈 크림을 틀 바닥과 안쪽에 짜 넣은 다음, 냉동한 커피 필링과 비스퀴 라바니를 각 틀마다 중앙에 채워 넣는다. 바바루아즈 크림으로 덮은 다음, 냉동실에 4시간 보관한다. 틀에서 분리한다. 사이즈별로 큰 것부터 작은 것을 아래에서 위로 포개 쌓아 놓는다. 캐러멜 글라사주를 22℃에서 부어 표면을 씌운 다음 바로 비스퀴 스페퀼로스 위에 놓는다.

*셰프의 팁! 이 케이크는 상온으로 카페 로미(Café LOMI, 3ter rue Marcadet, 75018 Paris)의 카스카라 티(Infusion Cascara, 커피 체리를 우린 차)에 곁들여 먹으면 아주 좋다.

MACA'LYON

마카리옹 by 세바스티앵 부이예 SÉBASTIEN BOUILLET

리옹에서의 인기를 몰아 일본까지 진출하다

세바스티앵 부이예의 돌풍은 리옹뿐 아니라 유럽을 지나 아시아까지 이어지고 있다. 부티크 뒤편에 초콜릿 제조 공방이 있던 시절, 그는 초콜릿 봉봉과 여러 가지 과자 등에 템퍼링한 초콜릿을 코팅하는 작업을 해왔다. 여러 가지를 코팅하는 일에 관심이 많았던 그는 솔티드 캐러멜 마카롱을 만들면서 '모든 것을 씌워보자'는 열망으로 초콜릿 코팅을 입히게 되었다. 이 디저트를 한 입 베어 물면 얇은 초콜릿 코팅이 깨지면서 뒤이어 마카롱의 코크가 부서지는 이중의 식감을 경험할 수 있다. 이어서 촉촉하고 부드러운 마카롱과 만나게 되고, 그 안에는 캐러멜이 흐른다. 달콤한 부드러움과 경쾌한 식감이 균형을 이루는 아주 사랑스러운 조합이다.

마카리옹 20개 분량 준비 시간 : 30분 ● 조리 시간 : 10분 ● 냉장/휴지 시간 : 12시간

재료

캐러멜 마카롱
Le macaron au caramel
마카롱 베이스
L'appareil du macaron
슈거파우더 200g

아몬드 가루 200g
달걀흰자(1) 85g
물 40g
설탕 180g
달걀흰자(2) 60g
식용 색소 약간 (캐러멜 브라운)

캐러멜 크림 Le crémeux caramel
생크림 200g
옥수수 시럽 50g
설탕 100g
가염 버터 60g

초콜릿 코팅
L'enrobage au chocolat
다크 커버처 초콜릿 500g
캐러멜 마카롱 20개
골드 펄 파우더 적당량

만드는 법

캐러멜 마카롱

마카롱 베이스
믹싱볼에 슈거파우더와 아몬드 가루를 체에 쳐 넣는다. 달걀흰자(1)를 넣고 잘 혼합한다. 바닥이 두꺼운 소스팬에 물과 설탕을 넣고 121℃까지 끓여 시럽을 만든다. 시럽의 온도가 118℃가 되었을 때, 달걀흰자(2)를 전동 스탠드 믹서 볼에 넣고 돌려 거품을 올리기 시작한다. 시럽의 온도가 121℃가 되면, 계속 달걀흰자의 거품을 올리고 있는 믹싱볼에 조금씩 흘려 넣는다. 미지근하게 식을 때까지 계속 돌려 이탈리안 머랭을 완성한다. 완성된 머랭을 슈거파우더, 아몬드가루, 달걀흰자 혼합물에 넣고 잘 섞는다. 캐러멜 갈색의 식용 색소를 조금 넣어 색과 향을 더한 다음, 잘 혼합한다.

캐러멜 크림
소스팬에 생크림을 넣고 데운다. 또 다른 소스팬에 옥수수 시럽을 넣고 끓인다. 여기에 설탕을 모두 4번에 나누어 넣는다. 우선 맨 처음 1/4을 넣은 후 젓지 말고 그냥 녹도록 둔다. 두 번째 1/4도 마찬가지로 넣어 녹이고, 이런 방법으로 설탕을 모두 넣어준다. 캐러멜 색이 나면서 거품이 올라오기 시작하면, 뜨겁게 데운 크림을 넣고 혼합하여 103℃가 될 때까지 끓인다. 온도에 도달하면 불에서 내리고 45℃가 되도록 식힌 다음, 버터를 넣고 블렌더로 갈아 매끈한 캐러멜 크림이 되도록 잘 혼합한다. 랩을 표면에 밀착시켜 덮은 뒤 냉장고에 보관한다.

마카롱 완성하기
구워낸 마카롱 코크의 반은 뒤집어 놓는다. 원형 깍지(11mm)를 끼운 짤주머니에 캐러멜 크림을 넣고, 뒤집어 놓은 마카롱 코크 가운데 짜 얹는다. 다른 코크로 덮고 살짝 눌러 붙인다. 냉장고에 하룻밤 보관하고, 다음 날 초콜릿 코팅을 입힌다.

초콜릿 코팅
초콜릿을 매끈하고 윤기나는 상태로 코팅하기 위해서는 온도를 정확하게 조절해 템퍼링해야 한다. 우선 다크 초콜릿을 잘게 썬 다음, 중탕으로 50~55℃가 될 때까지 가열하며 녹인다. 초콜릿을 녹인 볼을 얼음이 담긴 다른 큰 볼에 넣고 저으면서 35℃까지 식힌 다음, 볼을 얼음물에서 들어내고 계속 저어 섞으며 온도를 28~29℃까지 낮춘다. 이 온도가 되면 다시 볼을 뜨거운 물 위에 중탕으로 놓고 작업하기 적당한 온도인 31~32℃로 만든다. 이렇게 사용할 준비를 마친 초콜릿을 앞에 놓고, 한쪽에는 전날 만들어 둔 마카롱, 다른 한쪽에는 유산지를 깔아 둔 베이킹 시트를 준비한다. 한 손으로 마카롱을 집어 초콜릿에 담근 뒤, 초콜릿용 디핑 포크를 사용해 초콜릿을 묻혀 떠낸 다음 들어 올리듯 꺼낸다. 이때 초콜릿 볼 위에서 손을 아래위로 들어 올리는 동작을 반복하면서, 너무 많이 묻은 초콜릿이 아래로 떨어지도록 해준다. 코팅된 마카롱을 디핑 포크로부터 살짝 밀면서 유산지 위에 놓는다. 이러한 방식으로 모든 마카롱을 조심스럽게 코팅한다. 굳기 전에 골드 펄 가루를 조금씩 솔솔 뿌린다. 냉장고에 약 20분 정도 넣어 굳힌다. 마카롱을 꺼내서 밀폐용기에 넣은 뒤 시원하고 건조한 곳에 보관한다.

MADELEINE
À PARTAGER

마들렌 아 파르타제 by 파브리스 르 부르다 FABRICE LE BOURDAT (BLÉ SUCRÉ)

세월을 초월해 사랑받는 최고의 맛, 마들렌

간식의 왕 자리를 결코 빼앗길 수 없는 상징적인 과자 마들렌. 파브리스 르 부르다는 촉촉하고 부드러우며 입안에서 살살 녹는 이 과자를 여럿이 함께 나눠 먹을 수 있도록 대형 사이즈로 만들었다. 오후 간식 시간의 기쁨이 열 배로 커졌다! 그는 큰 사이즈로 만든 마들렌이 최적의 상태로 입안에 퍼지면서 풍부한 맛을 내도록 신경썼다. 나이프로 자르거나 손으로 툭툭 떼어 먹거나, 길게 자른 뒤 작은 조각으로 나눠 먹는 이 대왕 마들렌은 마치 파운드케이크를 먹을 때처럼 테이블에 부스러기를 흘리기도 하고, 빰엔 빵가루를 묻혀가며 즐기는 정겨운 간식이다. 단돈 몇백 원짜리 슈케트이든, 300유로짜리 화려한 웨딩케이크를 만들든 파브리스가 추구하는 것은 한 가지다. 맛있게 만드는 것. "맛있으면 됩니다. 그 외엔 신경 안 써요." 그의 마들렌은 대성공을 거두었고, 대표적 비에누아즈리 빵들과 더불어 파티스리 블레 쉬크레에서 꼭 먹어보아야 할 디저트 리스트에 이름을 올렸다. 피낭시에와 마찬가지로 마들렌은 결코 변하지 않을 것이다. 10년이 넘는 세월간 그의 마들렌은 한결같고, 아삭하게 깨지는 오렌지 글라사주도 그대로다. 이것은 쉬우면서도 영원불멸하고, 진정 위안을 주는 파티스리다.

4인분 또는 빅 사이즈 마들렌 1개분　준비 시간 : 20분 ● 휴지 시간 : 하룻밤 ● 조리 시간 : 25~35분

재료

마들렌 반죽	밀가루 125g	글라사주 Le glaçage
L'appareil de la madeleine	베이킹파우더 5g	슈거파우더 300g
달걀 120g	버터 160g	오렌지즙 150g
설탕 100g		
우유 35g		

만드는 법

마들렌 반죽

달걀과 설탕을 볼에 넣고 흰색이 될 때까지 잘 저어 혼합한다. 우유를 넣고, 체에 친 밀가루, 베이킹파우더, 녹인 버터를 넣어 잘 섞는다. 혼합물을 냉장고에 하룻밤 넣어둔다.
다음 날, 오븐을 210℃로 예열한다. 마들렌 틀에 버터를 바르고 밀가루를 묻힌 후 탁탁 털어낸다. 틀 안에 반죽을 붓는다. 오븐에 넣고 온도를 160℃로 낮춘 뒤 25~30분 구워낸다. 마들렌이 따뜻할 때 틀에서 분리한다.

글라사주

슈거파우더와 오렌지즙을 섞는다. 따뜻한 마들렌 위에 부어 씌운다.

TOURBILLON CHOCOLAT

투르비용 쇼콜라 by 얀 브리스 YANN BRYS

이미 인기 궤도에 자리 잡은 시그니처 디저트

레몬 타르트에서부터 초콜릿 타르트에 이르기까지 회오리 모양으로 장식한 투르비용(tourbillon: 회오리바람이라는 뜻의 프랑스어) 타르트는 얀 브리스의 시그니처 디저트가 되었다. 짤주머니에 크림을 넣어 짜는 전통적인 기법에 현대적인 테크닉 도구인 회전판을 더해 새로운 모습의 케이크를 선보이게 된 것이다. 그는 달로와요(Dalloyau)의 크리에이션 디렉터로 메뉴 작업에 몰두하며 파리의 파티스리계에서 자신의 입지를 확고히 다졌다. 그의 디저트는 맛의 존중, 원재료의 질, 풍부한 맛과 감성 등 기본요소에 충실해서, 그의 디저트를 맛보면 그만의 특별한 매력을 느낄 수 있다. 놀라운 비주얼을 자랑하는 투르비용 타르트는 맛과 감성 두 가지를 모두 충족시킨다. 느끼하지 않은 진한 카카오 맛의 초콜릿 크림은 입안에서 사르르 녹고, 크러스트에서는 바삭한 식감을 즐길 수 있는 이 타르트는 매우 풍부하고 구조적인 맛의 경험을 선사한다.

타르틀레트 20개 분량 준비 시간 : 2시간 ● 조리 시간 : 12분 ● 냉장 시간 : 2시간

재료

다크 초콜릿 크림
Crémeux chocolat noir
물 12g
가루형 젤라틴 2g
설탕 15g
달걀노른자 35g
생크림 260g
다크 커버처 초콜릿(카카오 64%) 100g

아몬드 피칸 비스퀴
Biscuit moelleux amande et
noix de pécan
녹말가루 12g
아몬드 가루 50g
슈거파우더 60g
피칸 35g
달걀노른자 10g
달걀흰자(1) 55g
달걀흰자(2) 55g
설탕 30g
갈색이 나도록 데운 버터 75g

통카 빈 초콜릿 가나슈
Ganache chocolat à la fève
tonka
생크림 425g
바닐라 빈 1줄기
통카 빈 1g
설탕 112g
밀크 커버처 초콜릿(카카오 40%) 125g
다크 커버처 초콜릿(카카오 64%) 215g
버터 30g

크리스피 시트 Palet croustillant
다진 헤이즐넛 150g

콘플레이크 150g
잣 75g
코코넛 과육 구운 것 25g
화이트 아몬드 퓌레 80g
잔두야(gianduja) 100g
밀크 커버처 초콜릿(카카오 46%) 80g
화이트 커버처 초콜릿(카카오 33%) 50g
소금(플뢰르 드 셀) 1꼬집

완성하기 Montage et finition
가늘게 자른 초콜릿 스트링
초콜릿 글라사주

만드는 법

다크 초콜릿 크림
젤라틴 가루를 찬물에 적신다. 설탕과 달걀노른자를 거품기로 잘 섞는다. 여기에 뜨겁게 데운 생크림을 넣고 섞은 다음 다시 불에 올려 85℃가 될 때까지 저으며 익힌다. 온도에 달하면 불에서 내려 초콜릿에 붓는다. 물에 불려둔 젤라틴을 넣어준 다음, 블렌더로 혼합한다. 2시간 정도 식혀 4℃로 보관한다.

아몬드 피칸 비스퀴
녹말가루, 아몬드 가루, 슈거파우더, 갈아서 가루로 분쇄한 피칸을 모두 섞는다. 달걀노른자와 흰자(1)를 넣는다. 달걀흰자(2)는 거품을 올리고, 설탕을 넣어준다. 거품 올린 달걀흰자를 혼합물에 넣고, 갈색이 나도록 데운 브라운 버터를 넣어 잘 섞는다. 베이킹 시트(40×30cm)에 유산지를 깔고, 혼합물을 펴 놓는다. 160℃로 예열한 오븐에서 12분 정도 구워낸다. 꺼내서 식힌 뒤, 지름 6cm 원형 커터로 잘라 놓는다.

통카 빈 초콜릿 가나슈
생크림에 바닐라 빈과 가늘게 간 통카 빈을 넣고 끓지 않을 정도로 데워 4분간 향을 우려낸다. 소스팬에 설탕을 넣고 가열해 캐러멜 색이 나면, 향이 우러난 뜨거운 생크림을 체에 거르며 붓고 잘 섞는다. 이것을 초콜릿 위에 붓고, 버터를 넣은 뒤 블렌더로 갈아 혼합한다. 40℃가 될 때까지 식힌다. 지름 8cm 원형틀 중앙에 지름 6cm 비스퀴를 놓고 가나슈로 덮어준다.

크리스피 시트
헤이즐넛, 콘플레이크, 잣을 넓게 펼쳐 놓고 오븐에 넣어 로스팅한다. 아몬드 퓌레와 녹인 잔두야를 잘 섞은 뒤, 녹인 초콜릿을 넣어 혼합한다. 여기에 견과류와 콘플레이크를 모두 넣고 잘 섞은 뒤 플뢰르 드 셀을 넣어준다. 투명 띠지를 사용하여 지름 8cm의 원형으로 펴 놓는다(한 개당 약 35g).

완성하기
가나슈로 덮은 원반형 비스퀴를 크리스피 시트 위에 얹고, 회전 원판에 올려놓는다. 판을 돌려가며 맨 윗면에 초콜릿 크림을 회오리 모양으로 짜 얹는다. 초콜릿 스트링으로 장식하고 글라사주를 조금씩 얹어 마무리한다.

PAVLOVA

파블로바 by 제프레 카뉴 JEFFREY CAGNES (CASSE-NOISETTE)

처음으로 선보이는 자신의 이름을 건 파티스리

그 크기만 보더라도 압도적인 존재감을 자랑하는 제프레 카뉴의 파블로바는 맛에 있어서도 정확한 목표점을 달성하고 있다. 어린 시절 그는 트루아(Troyes)의 파티스리 명장 파스칼 카페(Pascal Caffet)의 부티크 쇼윈도를 구경하면서 제과제빵에 흠뻑 빠지게 되었다. "솔직히 말하자면 전 학교에서 공부를 잘하지 못했습니다. 다른 진로를 찾아야만 했지요." 그가 선택한 길은 축복받은 것이었고, 그 길에서 그는 활짝 피어났다. 이 파블로바는 그의 노력과 재능을 잘 대변해주는 디저트가 되었다. 바삭한 비스퀴 시트, 공기처럼 가벼운 크림, 아삭아삭 부서지면서도 쫀득함을 지닌 머랭과 신선한 라즈베리에 이르기까지 고급스러운 케이크가 지녀야 할 요건을 모두 갖추었다. 특히 셰프 자신이 제일 좋아하는 부분은 이 디저트가 처음 보는 순간엔 과연 어떻게 먹어야 할지 난감하다는 점이다. 우선 자리에 앉아, 접시에 놓은 다음 위에서 아래로 "깨트려" 열어야 한다. 모든 것은 그 안에 있기 때문이다. 아주 높이 비상하는 사랑스러운 케이크다.

타르틀레트 20개 분량 준비 시간 : 1시간 30분 ● 조리 시간 : 1시간 25분 ● 휴지 시간 : 1시간 25분

재료

머랭 La meringue
신선한 달걀흰자 100g
설탕 100g
슈거파우더 50g

바닐라 크렘 파티시에
La crème pâtissière vanille
우유 250g
설탕 60g
바닐라 빈 2줄기

달걀노른자 50g
밀가루 20g
옥수수 전분(Maïzena®) 15g

마스카르포네 샹티이
La chantilly mascarpone
휘핑크림(유지방 35%) 400g
마스카르포네 125g
슈거파우더 20g
바닐라 빈 2줄기

파트 쉬크레 La pâte sucrée
버터 100g
슈거파우더 50g
밀가루 200g
소금 2g
아몬드 가루 15g
달걀 40g

라즈베리 콤포트
La compotée de framboises
생 라즈베리 200g
설탕 50g
펙틴 5g

완성하기 Montage et finition
신선한 생 라즈베리 400g

만드는 법

머랭
전동 스탠드 믹서 볼에 달걀흰자와 설탕, 슈거파우더를 넣고 거품기로 돌린다. 머랭이 거품기에 묻으면서 들어 올렸을 때 새의 부리 모양을 띠는 농도가 될 때까지 거품을 올린다. 완성된 머랭을 짤주머니(20mm 원형 깍지)에 넣고, 유산지를 깐 베이킹 시트 위에 가장 큰 것부터 작은 것 순서로 마치 소나무 모양처럼 3층으로 둥그렇게 짜서 쌓은 다음 맨 위는 뾰족하게 마무리한다. 머랭 반죽을 다 사용할 때까지 같은 모양으로 반복해 짜 놓는다. 110℃ 오븐에서 1시간 구운 다음 꺼내 식힌다.

바닐라 크렘 파티시에
소스팬에 우유, 설탕 분량의 반, 길게 갈라 긁은 바닐라 빈을 넣고 끓인다. 볼에 달걀노른자와 나머지 설탕을 넣고 흰색이 될 때까지 거품기로 잘 저어 혼합한다. 여기에 밀가루와 옥수수 전분을 넣고 섞는다. 끓는 우유를 붓고 잘 저어 섞은 다음, 다시 소스팬으로 옮겨 불에 올리고 계속해서 저어주며 익힌다. 끓으면 바로 불에서 내리고, 크렘 파티시에를 넓은 그라탱 용기에 덜어 옮긴다. 랩을 씌워 냉장고에 2시간 넣어둔다.

마스카르포네 샹티이
전동 스탠드 믹서 볼에 생크림, 마스카르포네, 설탕, 바닐라 빈 긁은 것을 넣고 거품기로 돌린다. 단단한 샹티이 크림이 될 때까지 휘핑한 다음 냉장고에 보관한다. 성공적인 샹티이 크림을 만들려면 생크림, 마스카르포네 모두 냉장고에서 바로 꺼낸 차가운 상태의 것을 사용해야 한다. 날씨가 더울 때는 크림을 휘핑하기 전에 믹싱볼과 거품기도 미리 냉장고에 넣

어 두어 차가운 상태로 사용하는 것이 좋다.

파트 쉬크레
볼에 버터, 슈거파우더, 밀가루, 소금, 아몬드 가루를 넣고 손가락으로 섞어 모래와 같은 질감을 만든다. 달걀을 넣고 잘 섞어 반죽한 후 랩으로 싸서 냉장고에 넣어 최소 2시간 이상 휴지시킨다. 밀대로 반죽을 밀어준 다음, 지름 7.5cm 원형 커터로 찍어 둥근 모양을 만든다. 160℃로 예열한 오븐에서 25분간 구워낸다.

라즈베리 콤포트
소스팬에 라즈베리와 설탕 분량의 반을 넣고 약불로 가열한다. 끓기 시작하면 펙틴 가루와 섞어둔 나머지 설탕을 넣고 1분간 더 끓인 다음 냉장고에 보관한다. 펙틴 가루는 반드시 미리 설탕과 혼합한 뒤 넣어야 뭉쳐서 응어리지지 않고 잘 녹아든다.

완성하기
원형으로 잘라 놓은 파트 쉬크레 시트 중앙에 짤주머니를 사용하여 바닐라 크렘 파티시에를 둥근 돔 모양으로 짜준다. 파트 쉬크레를 빙 둘러서 라즈베리를 보기 좋게 놓는다. 바닐라 크림 한 가운데 라즈베리 콤포트를 작은 돔 모양으로 얹는다. 빙 둘러 놓은 라즈베리와 콤포트 위로 샹티이 크림을 보기 좋게 짜 얹는다. 작은 크기의 짤주머니 깍지를 이용하여 머랭의 아래쪽에 구멍을 낸 다음 샹티이 크림을 짜 넣는다. 머랭을 맨 위에 얹어 완성한다.

TARTE À LA CRÈME

타르트 아 라 크렘 by 브누아 카스텔 BENOÎT CASTEL (LIBERTÉ)

그에게 베이커리란 마음과 정신이 깃든 삶의 장소다

제과제빵을 배울 때부터 브누아 카스텔은 이 직업의 인간적인 측면을 중요하게 생각했다. 그가 생각하는 베이커리란 매일의 일상 속에서 사람들과 만나는 곳이다. 단순히 카운터에서 빵과 디저트를 판매하는 수준을 뛰어넘어 그는 고객들과 매일 가까이 대화하고 친근한 관계를 만들어간다. 그의 매장인 **리베르테**(Liberté)는 사람들이 앉아서 웃고 대화하며 이 셰프의 타르트 아 라 크렘을 즐겨먹는 생기 넘치는 장소가 되었다. 크림을 얹은 이 타르트는 누구나 아는 그의 케이크 중 하나지만, 먹어본 사람은 많지 않다. 만화나 영화 등에 흔히 등장하는 케이크를 재현해 만든 것인데, 실제로 매장에서 만들어 파는 곳은 드물다. 브누아의 타르트 아 라 크렘은 어린 시절 즐겨먹던 딸기와 생크림의 새콤달콤한 맛의 기억에서 영감을 얻어, 정확히 그가 좋아하는 레시피로 만들었다. 파트 쉬크레, 바닐라 크림 파티시에, 이지니(Isigny) 크림과 휘핑크림으로 만든 샹티이를 베이스로 한 이 타르트는 우유 맛이 풍부하면서도 가벼운, 행복한 맛의 디저트다. 처음 한 입을 베어 먹다가 크림이 코에 묻어도 즐겁다.

8인분 준비 시간 : 1시간 30분 ● 냉장 시간 : 2시간 ● 조리 시간 : 18분

재료

파트 쉬크레 La pâte sucrée
상온의 부드러운 버터 240g
슈거파우더 150g
아몬드 가루 50g
달걀 80g
바닐라 빈 1줄기
밀가루 400g

크렘 파티시에
La crème pâtissière
비멸균 생우유 (lait cru) 500g
설탕 100g
바닐라 빈 1줄기
녹말가루 50g
달걀노른자 80g
버터 30g

크렘 샹티이 La crème chantilly
유기농 생크림(Président Bio) 375g
이지니 헤비 크림
 (crème épaisse d'Isigny) 375g
슈거파우더 40g
바닐라 빈 ½줄기

만드는 법

파트 쉬크레
전동 스탠드 믹서 볼에 버터와 설탕, 아몬드 가루를 넣고 플랫비터(나뭇잎 모양 핀)로 돌려 균일한 포마드 크림 상태가 될 때까지 혼합한다. 달걀을 넣고 바닐라 빈을 긁어 넣어준 다음 잘 섞는다. 밀가루를 넣고 계속 혼합한다. 반죽이 믹싱볼 벽에 더 이상 달라붙지 않고 떨어지는 상태가 되면 꺼내서 둥글게 뭉쳐 랩으로 잘 싼 다음 냉장고에 최소한 1시간 이상 넣어둔다. 밀대로 반죽을 3mm 두께로 얇게 민다. 지름 20cm짜리 타르트 틀에 시트를 깔아준 다음 160℃로 예열된 오븐에서 18분간 굽는다. 오븐에서 꺼낸 뒤 망에 얹어 식힌다.

크렘 파티시에
소스팬에 우유, 설탕, 길게 갈라 긁은 바닐라 빈과 줄기를 모두 넣고 끓인다. 볼에 달걀노른자와 녹말가루를 넣고 혼합한다. 우유가 끓으면 바닐라 빈 줄기를 건져 낸 뒤, 분량의 반 정도를 달걀노른자 녹말가루 혼합물에 붓고 잘 섞어준다. 이것을 소스팬에 있는 나머지 우유에 다시 붓고 불에 올려 잘 저으며 4분간 끓여 익힌다. 버터를 넣는다. 그라탱 용기에 덜어낸 뒤, 랩을 표면에 밀착되게 덮어 냉장고에 1시간 보관한다.

크렘 샹티이
전동 스탠드 믹서 볼에 두 가지 크림과 슈거파우더, 바닐라 빈 긁은 것을 넣고 거품기를 돌린다. 샹티이 크림이 거품기에 묻을 정도가 될 때까지 휘핑한다.

완성하기
크렘 파티시에를 주걱으로 균일하게 잘 풀어 섞어준 뒤, 파트 쉬크레 시트에 채워 넣는다. 스패출러로 표면을 매끈하게 정리한다. 별 모양 깍지를 끼운 짤주머니에 크렘 샹티이를 채워 넣고, 타르트 위에 달팽이 모양으로 짜 올린다. 냉장고에 보관한다.

TARTE FEUILLETÉE AUX FLOCONS D'AVOINE

오트밀 푀유테 타르트 by 공트랑 셰리에 GONTRAN CHERRIER

어린아이의 케이크, 열정의 제빵사의 손에 다시 태어나다

파리 토박이인 열정의 제빵사 공트랑 셰리에는 당연히 파리를 주 무대로 삼았고, 몽마르트르에 있는 그의 베이커리에서 재능을 아낌없이 발휘하며 승승장구하고 있다. 탄탄한 제과제빵 교육을 받고 전문적인 경력을 쌓은 의욕 넘치는 공트랑은 결코 아무 밀가루나 쓰지 않는다. 그는 언제나 다양한 종류의 밀가루 중에서도 목적에 알맞은 최적의 재료를 찾고자 최선을 다한다. 예를 들어 크림 타르트의 푀유타주만 보더라도 호밀가루를 섞어 넣어 더 진한 색감과 개성을 더했을 뿐 아니라, 크림에도 파티스리에서는 잘 사용하지 않는 오트밀을 넣어 더욱 입체적이고 긴 여운을 남기는 맛을 입힌다. 이 타르트는 많이 달지 않으면서도 아주 부드럽고 풍부한 맛을 내며, 곡물이 씹히는 매력을 갖고 있어 자꾸 먹고 싶어진다. 서로 빼앗아 먹으려는 다툼이 치열해질 듯하다.

4~6인분 준비 시간 : 1시간 30분 ● 휴지 시간 : 17시간 ● 조리 시간 : 30분

재료

호밀 파트 푀유테	오트밀 크림	오트밀 샹티이 크림	오트밀 크럼블
La pâte feuilletée au seigle	Le crémeux aux flocons d'avoine	La chantilly aux flocons d'avoine	Le crumble aux flocons d'avoine
밀가루(박력분 T45*) 250g	판 젤라틴 1장	판 젤라틴 2.5장	설탕 100g
호밀가루 90g	생크림 125g	오트밀 113g	밀가루 100g
물 135g	오트밀 12g	생크림(유지방 35%)(1) 250g	오트밀 100g
소금 7g	달걀노른자 35g	생크림(유지방 35%)(2) 375g	차가운 버터 100g
녹인 버터 85g	설탕 20g	설탕 50g	
차가운 버터 250g	바닐라 빈 1줄기	바닐라 빈 2줄기	
		마스카르포네 65g	

* farine T45 : p. 22 참조

TARTE FEUILLETÉE
AUX FLOCONS D'AVOINE

오트밀 푀유테 타르트 by 공트랑 셰리에 GONTRAN CHERRIER

만드는 법
호밀 파트 푀유테
전동 스탠드 믹서에 도우 훅을 장착하고 볼에 두 종류의 밀가루, 물, 소금, 녹인 버터를 넣어 돌린다. 반죽(détrempe)이 균일하게 섞이면 작업대에 덜어 놓고 둥근 모양을 만든 다음, 랩으로 싸서 30분 정도 휴지시킨다. 그동안 냉장고에서 버터를 꺼내 유산지 사이에 놓고 파티스리용 밀대로 두들겨 약 1cm 두께의 납작한 정사각형을 만든다. 작업대에 밀가루를 살짝 뿌린 후, 반죽을 버터 크기의 두 배로 길게 민다. 길게 민 반죽 가운데 버터를 놓고 양쪽 끝을 가운데로 접은 뒤 잘 붙여 봉합한다. 이때 주의할 점은 버터와 반죽의 온도가 같아야 한다는 것이다. 반죽을 길게 밀어 세로의 길이가 가로의 3배가 되도록 만든다. 3등분으로 나누어 한쪽 끝을 가운데로 접고, 나머지 한쪽도 그 위에 접어준다. 반죽을 90℃ 회전시켜 접힌 층이 오른쪽으로 가게 둔다. 다시 마찬가지 방법으로 길게 민 다음, 3등분으로 접어준다. 이렇게 하면 첫 번째 밀어 접기(le premier tour) 과정이 끝난다. 반죽을 랩으로 잘 싸서 냉장고에 1시간 보관한다. 이와 같은 밀어 접기와 휴지 공정을 3번 더 반복한다. 반죽이 작업대에 달라붙지 않도록 작업 사이사이 밀가루를 뿌려준다. 맨 마지막 네 번째 밀어 접기 과정이 끝나면, 반죽을 4mm 두께로 얇게 민 다음 냉장고에 넣어둔다. 오븐용 그릴 망에 반죽을 놓고, 네 귀퉁이에 작은 타르틀레트 틀 등을 놓아 납작한 높이를 확보한 후, 또 하나의 그릴 망을 포개 얹는다. 이렇게 하면 푀유타주가 균일한 높이로 부풀며 납작하게 구워진다. 170℃로 예열한 오븐에서 10분간 구운 다음, 뒤집어서 슈거파우더를 뿌린 후 다시 온도를 220℃로 올린 오븐에 넣어 표면이 캐러멜라이즈 되도록 몇 분간 지켜보며 굽는다. 꺼내서 식힌 다음, 지름 8cm 원형 커터로 잘라놓는다.

오트밀 크림
판 젤라틴을 아주 차가운 물에 담가 말랑하게 불린다. 소스팬에 생크림, 오트밀, 달걀노른자, 설탕, 바닐라 빈 긁은 것을 넣고 가열한다. 거품기로 계속 저으며 데워서 85℃에 이르면 불에서 내리고, 물을 꼭 짠 젤라틴을 넣어준다. 핸드 블렌더로 갈아 혼합한 다음 지름 3cm짜리 반구형 실리콘 몰드에 붓는다. 사용하기 전까지 냉동실에 보관한다. 혼합물이 완전히 어는 데 약 5시간이 소요된다.

오트밀 샹티이 크림
볼에 찬물을 넣고 판 젤라틴을 한 장씩 넣어 불린다. 생크림(1)을 뜨겁게 데운 뒤 오트밀을 넣어 5분 정도 향을 우려낸다. 체에 걸러 크림 190g을 확보한다. 모자라면 생크림을 더 추가한다. 설탕과 물을 꼭 짠 젤라틴, 바닐라 빈 긁은 것을 크림에 넣고, 다시 약불에 올려 40℃가 될 때까지 가열한다. 이것을 차가운 생크림(2)과 마스카르포네에 부어준 다음 핸드 블렌더로 잘 혼합한다. 냉장고에 넣어 약 12시간 보관한다.

오트밀 크럼블
재료를 모두 혼합해 거친 모래 질감으로 만든다. 베이킹 팬에 펼쳐 놓고 150℃ 오븐에서 15분간 구워낸다.

완성하기
전동 스탠드 믹서 볼에 오트밀 샹티이 크림을 넣고 거품기로 돌려 휘핑한다. 푀유타주 시트에 샹티이 크림을 조금 짠 다음, 반구형의 오트밀 크림을 얹는다. 별 모양 깍지를 낀 짤주머니를 사용하여 샹티이 크림을 빙 둘러 짜 덮어준다. 오트밀 크럼블 조각을 보기 좋게 얹어 마무리한다.

ÉCLAIR AU CHOCOLAT

초콜릿 에클레어 by 니콜라 클루아조 NICOLAS CLOISEAU (LA MAISON DU CHOCOLAT)

쇼콜라티에가 만드는 파티스리

니콜라 클루아조의 파티스리는 마치 초콜릿 봉봉을 만드는 것과 같은 방식으로 만들어진다. 종류와 산지가 다른 여러 가지 카카오 빈을 블렌딩하고, 정확한 온도와 배합을 기본으로 한다. 메종 뒤 쇼콜라의 대표적인 파티스리인 에클레어는 특별히 더 만족스럽다. 니콜라는 20년 전 메종 뒤 쇼콜라에 입성하면서 에클레어가 무엇인지 정확히 배웠다고 회상한다. 일반적으로 초콜릿 에클레어의 크림은 플레인 크렘 파티시에에 카카오 파우더를 혼합해 만든다. 하지만 니콜라는 크렘 파티시에에 초콜릿 가나슈를 혼합해 가벼운 느낌과 더욱 진한 맛을 구현해낸다. 처음 만들기 시작한 이후로 설탕의 양을 조금 줄이고 초콜릿의 양을 좀 더 늘린 것을 제외하고 이 레시피는 거의 변하지 않았다. 물과 달걀, 우유로 만드는 그의 슈 페이스트리는 건조하고 바삭하게 깨지는 식감이라기보다는 얇고 부드럽다. 황금빛으로 구운 슈는 부드럽고 가벼우며, 녹진한 응고제 역할을 하는 달걀노른자로 만든 크림은 느끼하지도, 찐득하지도 않다. 에클레어 윗면에는 붉은 베리류 과일의 산미 노트를 지닌 퓨어 초콜릿 가나슈를 입힌다. 이것은 에클레어의 성배다.

에클레어 20개분 준비 시간 : 1시간 30분 ● 조리 시간 : 20~25분

재료

슈 페이스트리 La pâte à choux
물 90g
우유 90g
흰색 버터 70g
소금 2g
설탕 4g
밀가루(중력분 T55*) 100g
달걀 5개

초콜릿 가나슈
La ganache au chocolat
우유 220g
커버처 초콜릿 200g
  (La Maison du Chocolat의 Kuruba 60%)
커버처 초콜릿 120g
  (La Maison du Chocolat의 Cuana 74%)

초콜릿 크렘 파티시에
La crème pâtissière au chocolat
달걀노른자 80g
설탕 80g
옥수수 전분(Maïzena®) 40g
코코아 가루 15g
우유 780g
초콜릿 가나슈 540g

초콜릿 글라사주
Le glaçage chocolat
우유 100g
옥수수 시럽 30g
커버처 초콜릿 130g
  (La Maison du Chocolat의 Kuruba 60%)
초콜릿 글레이징 페이스트
  (pâte à glacer noire) 190g

만드는 법

슈 페이스트리

냄비에 물, 우유, 버터, 소금, 설탕을 넣고 끓인다. 미리 체에 쳐 둔 밀가루를 한 번에 붓고 센 불에서 2~3분 섞으면서 수분을 날린다. 불에서 내린 후 달걀을 하나씩 넣으면서 반죽이 매끈하고 균일해질 때까지 잘 혼합한다. 짤주머니에 16mm 원형 깍지를 끼우고, 베이킹 팬에 16cm 길이의 에클레어를 짜 놓는다. 오븐을 220℃로 예열한다. 에클레어를 오븐에 넣고 온도를 180℃로 낮춘 뒤 20~25분간 굽는다. 중간에 몇 초간 오븐 문을 열어 증기를 빼준다. 다 구운 에클레어를 꺼내어 망에 올려 식힌다.

초콜릿 가나슈

우유를 가열해 끓으면 바로 불에서 내려 잘게 잘라둔 초콜릿에 붓는다. 매끈하고 윤기가 나도록 둥글게 잘 저으며 혼합한다.

초콜릿 크렘 파티시에

볼에 달걀노른자, 설탕, 옥수수 전분을 넣고 흰색이 될 때까지 거품기로 저어 혼합한다. 코코아 가루를 넣고 잘 섞는다. 냄비에 우유를 넣고 끓인 뒤, 혼합물에 조금 부어 잘 섞는다. 이것을 다시 냄비로 옮겨 붓고 농도가 되직해질 때까지 거품기로 세게 저으면서 익힌다. 1분간 끓인 후 가나슈를 넣고 잘 섞는다. 차갑게 보관한다.

초콜릿 글라사주

우유와 옥수수 시럽을 끓인 뒤, 잘게 썬 커버처 초콜릿과 글레이징 페이스트 위에 부어준다. 매끈하고 윤이 날 때까지 잘 저어 섞는다. 글라사주는 45℃의 온도로 사용한다.

완성하기

에클레어 슈의 바닥 세 군데에 구멍을 뚫는다. 6mm 원형 깍지를 끼운 짤주머니를 사용하여 한 개당 70~75g의 크림을 채워 넣는다. 초콜릿 가나슈로 에클레어 윗면을 글레이즈한다.

*farine T55 : p. 14 참조.

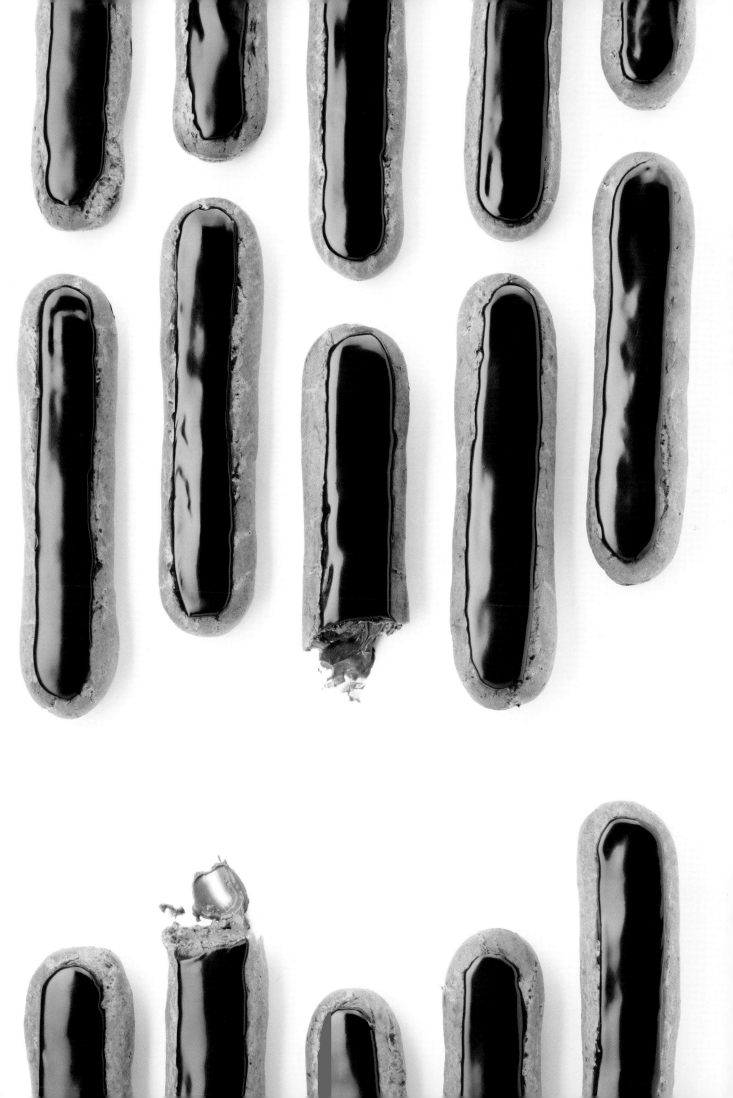

ÉCLAIR CITRON MERINGUÉ

레몬 머랭 에클레어 by 그레고리 코엔 GRÉGORY COHEN (MON ÉCLAIR)

원하는 대로 즉석에서 만들어 주는 맞춤형 에클레어

그레고리 코헨은 접시에 서빙하는 디저트와 핑거푸드라는 두 개의 개념을 결합한 기발한 아이디어를 자신의 부티크에서 실현하고 있다. 에클레어는 슈 페이스트리, 크림 또는 가나슈, 콩피, 마멀레이드, 프랄리네 등의 필링, 다양한 토핑 등 베이킹의 여러 가지 구성 요소를 한데 조합할 수 있는 아주 이상적인 파티스리다. 특히 계절성을 존중하는 그는 때에 맞춰 최상의 재료를 선택하고(제철 과일은 대부분 3개월 이상 지속적으로 사용하기 어렵다), 밀가루나 견과류조차도 모두 유기농 제품을 사용한다. 또한 쌀가루나 옥수수 가루 등도 적절하게 사용하여 더 가볍고 바삭한 식감을 내기도 하는 등 섬세한 변주를 더한다.

그가 가장 좋아하는 레몬 머랭 에클레어, 베스트셀러인 초콜릿 프랄리네 에클레어, 또 새로운 메뉴인 살구 로즈마리 피스타치오 에클레어 등은 미리 만들어 놓은 것을 사 먹을 수 있지만, 그 외에는 고객이 원하는 대로 자유롭게 선택한 슈와 크림, 토핑 등을 조합하여 즉석에서 만들어준다. 그 조합은 실로 무궁무진하다.

에클레어 약 20개 분량   준비 시간 : 2시간 ● 휴지 시간 : 6시간 30분 ● 조리 시간 : 1시간 30분

재료

바삭한 소보로 크라클랭
Le craquelin
상온의 부드러운 버터 70g
비정제 황설탕 60g
쌀가루 70g

글루텐프리 슈 페이스트리
La pâte à choux sans gluten
물 100g
우유 100g
버터 80g

소금 2g
쌀가루 65g
옥수수 가루 40g
달걀 3개

레몬 마멀레이드
La marmelade au citron
레몬 5개
라임 ½개
통카 빈 ½개
잼 제조용 설탕 100g

레몬 크림 La crème citron
판 젤라틴 2장
레몬 2개
달걀 2개
설탕 100g
버터 70g
생크림 25g
라임 ½개

라임 머랭
Les meringues acidulées
달걀흰자 1개
설탕 60g
라임 ½개

완성하기 Montage et finition
라임 1개

ÉCLAIR CITRON MERINGUÉ

레몬 머랭 에클레어 by 그레고리 코엔 GRÉGORY COHEN (MON ÉCLAIR)

만드는 법

바삭한 소보로 크라클랭

상온의 부드러운 버터, 황설탕, 쌀가루를 전동 스탠드 믹서 볼에 넣고 플랫비터로 돌린다. 혼합물이 균일한 질감이 되도록 섞이면 두 장의 유산지 사이에 덜어 놓고 밀대로 1mm 두께로 얇게 민다. 냉장고에 30분 넣어둔다. 직사각형(13cm×3cm)으로 잘라 냉동실에 보관한다.

글루텐프리 슈 페이스트리

소스팬에 물, 우유, 버터, 소금을 넣고 끓인다. 약불로 줄이고, 미리 체에 쳐 둔 쌀가루와 옥수수 가루를 넣어준다. 주걱으로 잘 섞으며 수분을 날린다. 반죽이 소스팬의 벽에 더 이상 붙지 않고 떨어질 정도가 되면 불에서 내린 뒤 달걀을 한 개씩 넣어주며 잘 섞는다. 원형 깍지를 끼운 짤주머니에 반죽을 넣고 13cm 길이의 에클레어를 짜 놓는다. 그 위에 직사각형 소보로 크라클랭을 얹은 다음 200℃ 오븐에서 30분간 구워낸다.

레몬 마멀레이드

레몬 한 개와 라임 반 개를 껍질째 얇게 썰어 냄비에 찬물과 함께 넣고 끓인다. 물을 따라 버리고 다시 물을 넣어 끓여 데치는 과정을 두 번 더 반복한다. 나머지 레몬은 즙을 짜서 레몬즙 300g을 준비한다. 통카 빈을 강판에 간다. 소스팬에 레몬즙을 넣고 가열해 끓기 시작하면 데쳐 놓은 레몬, 라임과 설탕, 통카 빈을 넣고 거품기로 잘 섞는다. 끓기 시작하면 불에서 내리고, 용기에 덜어 냉장고에 보관한다.

레몬 크림

판 젤라틴을 찬물에 담가 말랑하게 불린다. 레몬을 짜 레몬즙 120g을 준비한다. 달걀과 설탕을 흰색이 날 때까지 저어 섞은 뒤 소스팬에 레몬즙과 함께 넣고 거품기로 계속 저어가며 약불로 가열한다. 끓으면 불에서 내린 후, 물을 꼭 짠 젤라틴을 넣고 잘 섞는다. 40℃까지 식힌 다음 버터를 넣는다. 핸드 블렌더로 잘 혼합한 후 생크림과 라임 껍질 제스트를 넣는다. 용기에 덜어낸 다음 냉장고에 6시간 동안 보관해 굳힌다.

라임 머랭

달걀흰자의 거품을 올린다. 거품이 일기 시작하면 설탕을 세 번에 나누어 넣으며 계속 거품기를 돌려 단단한 머랭을 만든다. 여기에 라임 제스트를 갈아 넣는다. 원형 깍지를 끼운 짤주머니에 머랭을 채워 넣은 뒤, 베이킹 팬에 뾰족한 방울 모양으로 작게 짜 놓는다.
100℃ 오븐에서 1시간 굽는다.

완성하기

에클레어의 슈 윗부분을 갈라 연 다음 레몬 마멀레이드를 채워 넣는다. 원형 깍지를 끼운 짤주머니를 사용하여 레몬 크림을 꽃 모양으로 짜 얹는다. 그 위에 미니 머랭을 몇 개 올린 후 라임 제스트를 뿌려 완성한다.

TITOU

티투 by 필립 콩티치니 PHILIPPE CONTICINI

케이크를 구성하는 모든 재료들은 잘 어우러져 서로의 맛을 더 살려주는 역할을 한다

필립 콩티치니가 늘 말하듯 그의 케이크는 열렬한 포옹과도 같다. 아내의 애칭인 '티투'라는 이름의 이 아름다운 케이크는 입안을 포옹하는 듯한 디저트다. 사랑스러운 이 케이크는 먹기 전부터 음미할 때는 물론이고 그 후까지 입안의 모든 감각을 살아나게 한다. 향기를 뿜으며 보는 이를 유혹하고 이어서 휘핑한 사바용을 닮은 가벼운 무스 크림은 입안을 어루만지며 내면의 열정을 이끌어낸다. 플뢰르 드 셀의 짭조름한 맛은 긴 여운을 남기고, 진한 바닐라 향은 다시 코끝을 간지럽힌다. 통통한 하트 형태의 외형은 셰프 필립에게 있어서는 정확한 사랑의 정의이며, 푸근하고 위안을 주는 따뜻한 포옹이다. 처음 입에 넣는 순간부터 입안을 사로잡는 이 디저트는 금세 그 맛이 퍼져나간다. 밀도 높은 섬세한 구조로 씹는 즐거움 또한 오래 지속되고, 비스퀴는 단순히 가벼운 바삭함을 넘어, 바디감이 있는 크런치 식감을 선사하면서 입안에서 사르르 녹는다. 이 달콤한 케이크는 37℃ 체온에서 스르르 녹으며 혼연일체가 된다. 망고 패션프루트 콤포트는 비스퀴, 비스퀴는 무스 크림의 맛을 뒷받침하며 응원해준다. 수십 년 간의 내공이 만들어낸 놀라운 결과물이다.

7~8 인분　준비 시간 : 2시간 ● 조리 시간 : 16분 ● 냉장 시간 : 10시간

재료

망고 패션프루트 콤포트
La compotée mangue et fruit
de la Passion
망고 퓌레 58g
패션프루트 퓌레 40g
라임즙 17g
옥수수 시럽 7.5g
설탕(1) 15g
펙틴 가루 0.7g
설탕(2) 3g

패션프루트 크런치
Le croustillant au fruit de la
Passion
물에 데친 후 로스팅한 아몬드 50g
슈거파우더 6g
화이트 초콜릿 30g
상온의 부드러운 버터 3g
소금(플뢰르 드 셀) 1꼬집
퓌유틴 크리스피
 (pailleté feuilletine) 17g
패션프루트 과육의 씨 18g
바닐라 파우더 2.5g
바닐라 빈 ½줄기

헤이즐넛 비스킷
Le biscuit noisette
헤이즐넛 가루 50g
농축 사과즙*(1) 60g
사과 페이스트** 5.6g
달걀흰자(1) 15g
달걀노른자 25g
바닐라 빈(vanille de Bourbon) 1.5g
소금(플뢰르 드 셀) 2꼬집
옥수수 전분 15g
찹쌀가루 4g
밤 가루 9g
글루텐프리 베이킹파우더 3.5g
코코넛 버터 40g
달걀흰자(2) 60g
농축 사과즙(2) 17g

오렌지 콩피 Le confit d'orange
오렌지즙 65g
설탕 40g
오렌지 껍질 제스트 26g

바닐라 코코넛 무스 크림
La crème mousseuse vanille
et coco

사바용 Le sabayon
물 40g
달걀노른자 40g
탈지분유 13g
옥수수 시럽 8.5g

무스 크림 La crème mousseuse
판 젤라틴 2장
코코넛 밀크 36g
저지방 우유(demi-écrémé) 36g
바닐라 빈 15g
달걀노른자 26g
화이트 커버처 초콜릿 110g
플뢰르 드 셀 1꼬집
로스트 코코넛 향
(중국 식료품점에서 구입 가능) 2.5g
휘핑한 크림 160g
사바용 80g

화이트 벨벳 코팅
Le velours blanc
카카오 버터 80g
향이 강하지 않은 오일 80g
화이트 초콜릿 330g
식용 색소(백색 안료 E171, 이산화티탄)
10g

완성하기 Montage et finition
브론즈 펄 파우더 적당량

*필립 콩티치니의 농축 사과즙(jus de pomme réduit) : 무가당 유기농 사과주스 1리터를 센 불에서 25분간 졸여 약 180g의 농축즙을 만든다. 식으면서 농도가 걸쭉해진다.

**필립 콩티치니의 사과 페이스트(pâte de pomme) : 골덴 사과 600g의 껍질을 벗기고 잘게 썬 다음 냄비에 넣고 랩으로 씌운 뒤 중불에서 7분간 끓여 콤포트를 만든다. 랩을 벗긴 뒤 잘 저으면서 11분간 더 익힌다. 수분이 날아가면서 농축되어 약 250g의 페이스트를 얻을 수 있다.

TITOU
티투 by 필립 콩티치니 PHILIPPE CONTICINI

만드는 법

망고 패션프루트 콤포트

망고 퓌레와 패션푸르트 퓌레, 라임즙, 옥수수 시럽, 설탕⑴을 소스팬에 넣고 30℃가 될 때까지 가열한다. 펙틴 가루와 섞은 설탕⑵을 넣고 핸드 블렌더로 모두 갈아 혼합한 다음 계속 데워 끓으면 바로 불에서 내린다. 베이킹 팬에 랩을 씌운 다음 직사각형 프레임 틀(15cm×20cm)을 놓고, 콤포트 115g을 틀 안에 붓는다. 냉장고에 1시간 동안 넣어 굳으면 냉동실로 옮겨 3시간 정도 보관한다. 얼었으면 꺼내서 케이크 몰드보다 8mm 작은 크기의 쿠키 커터로 자른다. 자른 모양을 즉시 떼어낸 다음 바로 냉동실에 넣어둔다. 첫 번째 필링 재료가 완성되었다.

패션프루트 크런치

아몬드와 슈거파우더를 푸드프로세서에 넣고 분쇄해 걸쭉한 질감의 페이스트를 만든다. 여기에 녹인 화이트 초콜릿, 상온의 부드러운 버터, 플뢰르 드 셀(소금), 퓌유틴 크리스피, 패션프루트 과육 씨, 바닐라 파우더와 바닐라 빈 1/2개 긁은 것을 모두 넣고 잘 혼합한다. 유산지를 깐 베이킹 팬 위에 직사각형 프레임 틀(15cm×20cm)을 놓고, 혼합물 115g을 4mm 두께로 깔아 채워준다. 냉동실에 넣고 최소 1시간 이상 보관한다.

헤이즐넛 비스퀴

레시피에 열거된 11가지 재료를 위에서부터 차례로 볼에 넣고 거품기로 세게 30초간 돌린 다음, 녹인 코코넛 버터를 넣는다. 다른 볼에 달걀흰자⑵를 넣어 거품기로 돌리고, 부풀어 오르기 시작하면 농축 사과즙⑵을 조금씩 넣으면서 계속 돌려준다. 거품 올린 머랭을 첫 번째 혼합물에 넣고 실리콘 주걱으로 조심스럽게 섞는다. 직사각형 프레임 틀(15cm×20cm)에 혼합물 290g을 넣어 채운 다음, 160℃ 오븐에서 16분 굽는다. 오븐에서 꺼낸 후 냉동실에 넣어 두었던 패션프루트 크런치를 비스퀴 위에 얹는다. 얇은 크런치가 뜨거운 비스퀴 위에서 녹으며 붙게 된다. 식으면 다시 냉동실에 몇 분간 넣어 크런치 층이 굳게 한다.
7.5cm×10cm 크기의 직사각형으로 자른다.

오렌지 콩피

오렌지를 깨끗이 씻은 뒤 감자 필러를 사용하여 껍질을 얇게 벗긴다. 쓴 맛이 나는 안쪽 흰 부분은 최대한 피한다. 물을 반쯤 채운 작은 소스팬에 오렌지 껍질을 넣고 끓여 데친다. 껍질을 망에 건지고 물을 버린 뒤, 이 작업을 두 번 더 반복하며 껍질을 데친다. 데친 오렌지 껍질에 오렌지즙, 설탕을 넣고 중불에서 40~50분간 끓인다. 국물이 몇 스푼 정도만 남을 정도로 졸아들면 분쇄기에 넣고 간다. 식힌 다음, 케이크의 크런치 표면 위에 오렌지 콩피 30g을 펴 바른다.

바닐라 코코넛 무스 크림

사바용

전동 스탠드 믹서 볼에 모든 재료를 넣고 중탕으로 60℃까지 데운다. 혼합물이 완전히 식을 때까지 거품기로 돌린다.

무스 크림

판 젤라틴을 찬물에 담가 말랑하게 불린다. 다음과 같은 방법으로 크렘 앙글레즈를 만든다. 우선 코코넛 밀크와 저지방 우유에 바닐라 빈을 넣고 끓인 다음, 달걀노른자에 붓고 섞는다. 다시 냄비에 옮겨 붓고 계속 저으면서 83℃가 될 때까지 가열한다. 볼에 화이트 초콜릿과 물을 꼭 짠 젤라틴을 넣고 그 위에 뜨거운 크렘 앙글레즈를 붓는다. 소금을 한 꼬집 넣고 핸드 블렌더로 3초간 갈아 혼합한다. 로스트 코코넛 향을 넣은 다음 잘 섞고, 21℃까지 식힌다. 휘핑하여 거품 올린 샹크림과 사바용을 모두 넣고 실리콘 주걱으로 조심스럽게 섞는다.

화이트 벨벳 코팅

모든 재료를 중탕으로 60℃까지 가열해 녹인 다음, 핸드 블렌더로 갈아 혼합한다.

완성하기

하트 모양(14.2cm×13.7cm×높이 5cm)의 틀에 바닐라 코코넛 무스 크림 70g을 붓는다. 망고 패션프루트 필링을 넣고 살짝 누르듯이 붙인다. 그 위에 무스 크림 150g을 다시 넣어준다. 두 번째 망고 패션프루트 필링을 얹고 다시 무스 크림을 조금 얹어 채운다. 패션프루트 크런치를 붙여 얹은 헤이즐넛 비스퀴를 놓고 살짝 눌러 무스 크림이 옆으로 올라오게 한다. L자 스패출러를 사용하여 표면을 매끈하게 밀어 넘치는 크림을 제거한다. 냉동실에 넣어 6시간 동안 보관한다. 틀에서 케이크를 분리한다. 스프레이 건을 사용하여 화이트 벨벳 코팅 혼합물을 케이크 표면에 분사해 입힌다. 브론즈 펄 가루를 조금 뿌린다. 6시간이 지난 후에 먹는다.

ÉQUINOXE

에키녹스 by 시릴 리냑 & 브누아 쿠브랑 CYRIL LIGNAC ET BENOÎT COUVRAND (LA PÂTISSERIE)

요리사와 파티시에가 만드는 믿고 먹는 디저트

그는 달 모양의 케이크를 만들고 싶었다. 일반적으로 붉은 라즈베리나 노란 레몬 등의 색을 지닌 디저트들은 보는 순간 즉각적으로 그 맛과의 상관관계를 연상시키지만, 에키녹스 케이크는 특이하게도 회색이고, 시릴은 이것을 아주 마음에 들어한다. 그에게 있어 이 디저트는 전통적인 요소(바닐라, 캐러멜, 스페퀼로스)와 모던한 감각(회색 파우더 코팅)의 접목을 표현한 것이다. 과연 어떤 맛일지 호기심을 자아내는 외형은 다소 낯설게 다가오지만 일단 먹어보면 그 놀라운 맛에 마음을 뺏긴다. 시릴 리냑 셰프가 마음에 쏙 들어 하는 점도 바로 이 반전의 묘미다. 강렬한 붉은색 점을 이용한 장식은 그가 요리사임을 보여주는 지점인 듯하다. 접시 위에서 회색과의 선명한 대비를 보여주며 우리의 눈을 즐겁게 한다. 처음 한 스푼을 입에 넣는 순간부터 이 케이크는 풍부한 맛을 전한다. 가볍게 휘핑한 가나슈는 그 진한 맛이 오래도록 지속되고 바닐라 향은 신선하고도 강렬하며, 솔티드 버터 캐러멜은 입안을 부드럽게 어루만진다. 스페퀼로스 시트의 스파이스 향도 끝까지 여운을 남긴다. 고정관념을 뒤흔드는 신선한 충격의 모습을 지닌 이 디저트는 먹어보면 그 안에서 무언가가 일어나고 있다는 사실을 확인할 수 있다.

4인분   준비 시간 : 2시간 ● 휴지 시간 : 약 26시간 ● 조리 시간 : 20분

재료

파트 아 쉬크르 La pâte à sucre
버터 10g
아몬드 가루 4g
감자 전분 63g
소금 0.2g
슈거파우더 10g
달걀 6g
밀가루 20g

스페퀼로스 프랄리네 크리스피
Le croustillant praliné et spéculoos
구운 파트 쉬크레 30g
스페퀼로스 과자(로터스 쿠키)
부순 것 30g

헤이즐넛 프랄리네(헤이즐넛 60%)
25g
카카오 버터 8g

캐러멜 크림
Le crémeux caramel
가루형 젤라틴 1g
젤라틴 불리는 용도의 물 6g
설탕 40g
물 10g
바닐라 빈 1줄기
생크림(유지방 35%)(1) 15g
생크림(유지방 35%)(2) 60g
달걀노른자 30g

바닐라 가나슈 휘핑 크림
La ganache montée vanille
가루형 젤라틴 5g
젤라틴 불리는 용도의 물 30g
생크림 620g
바닐라 빈 3줄기
화이트 커버처 초콜릿
(Ivoire de Valrhona) 140g
바닐라 에센스 2g

회색 벨벳 코팅 Le velours gris
화이트 커버처 초콜릿
(Ivoire de Valrhona) 80g
카카오 버터 100g
식용 숯 색소 0.3g

레드 나파주 Le nappage rouge
가루형 젤라틴 3g
젤라틴 불리는 용도의 물 20g
향이 강하지 않은 나파주 80g
식용 색소(레드) 0.3g

ÉQUINOXE

에키녹스 by 시릴 리냑 & 브누아 쿠브랑 CYRIL LIGNAC ET BENOÎT COUVRAND (LA PÂTISSERIE)

만드는 법

파트 아 쉬크르

전동 스탠드 믹서 볼에 버터를 넣고 플랫비터로 돌려 크리미한 포마드 상태로 만든다. 아몬드 가루, 전분, 소금, 슈거파우더를 넣고 잘 섞는다. 달걀과 밀가루를 넣고 혼합한다. 반죽이 균일해지면 꺼내서 둥글게 뭉친 다음 랩으로 밀착되게 싸서 냉장고에 1시간 넣어둔다. 유산지 위에 놓고 밀대로 대충 민다. 175℃로 예열한 오븐에 넣어 20분 굽는다.

스페퀼로스 프랄리네 크리스피

구워 낸 파트 아 쉬크르를 부순 다음, 부순 스페퀼로스 과자와 혼합한다. 프랄리네와 녹인 카카오 버터를 넣고 잘 섞는다. 지름 14cm 무스 링에 채워 깔고 냉장고에 넣어 굳힌다.

캐러멜 크림

젤라틴 가루를 차가운 물에 적신다. 소스팬에 설탕과 물을 넣고 갈색 캐러멜로 변할 때까지 중불로 가열한다. 길게 갈라 긁은 바닐라 빈을 넣어 10분간 향을 우려낸 뜨거운 생크림(1)을 캐러멜에 붓고 잘 섞는다. 여기에 차가운 생크림(2)을 넣어 혼합한다. 캐러멜에 달걀노른자를 넣고 마치 크렘 앙글레즈를 만들듯이 계속 저어가며 익힌다. 물에 적셔 불린 젤라틴을 넣고 잘 섞는다. 지름 14cm 원형 실리콘 틀(Flexiplan)에 붓고 급속 냉동한다.

바닐라 가나슈 휘핑 크림

젤라틴 가루를 찬물에 적셔 20분간 불린다. 생크림 분량의 반을 끓인 뒤, 바닐라 빈을 넣어 약 10분 정도 향을 우려낸다. 체에 거른 후, 불린 젤라틴을 넣어 섞는다. 크림을 다시 데워 끓으면 초콜릿 위에 3번에 나누어 부어 섞고, 바닐라 에센스도 넣어준다. 핸드 블렌더로 갈아 완전히 혼합한 뒤 나머지 차가운 생크림을 넣는다. 냉장고에 12시간 넣어둔다. 사용하기 전에 꺼내 전동 스탠드 믹서에 넣고 거품기로 휘핑한다.

회색 벨벳 코팅

화이트 커버처 초콜릿을 녹인 후 뜨겁게 녹인 카카오 버터를 넣어 섞는다. 식용 숯 색소를 조금씩 넣어 원하는 색이 되도록 혼합한다. 핸드 블렌더로 잘 혼합한 다음 냉장고에 보관한다.

레드 나파주

젤라틴을 물에 적셔 20분간 불린다. 나파주를 데운 뒤 불린 젤라틴과 색소를 넣고 잘 섞어 냉장고에 보관한다.

완성하기

지름 16cm, 높이 4cm 크기의 무스 링 안쪽에 투명 띠지를 댄다. 스페퀼로스 크리스피를 맨 밑에 깐다. 바닐라 가나슈를 짜서 한 켜 깔아준다. 작은 스패출러로 크림을 가장자리로 밀어 올리고, 냉동한 캐러멜 크림을 넣어준다. 바닐라 가나슈를 다시 한 켜 짜 얹어 맨 위까지 채운 다음 스패출러로 표면을 매끈하게 밀어 정리한다. 급속 냉동하여 최소한 12시간 보관한다. 케이크가 얼면 투명 띠지를 떼어낸다. 회색 벨벳 코팅용 혼합물을 45℃가 되도록 녹인 다음, 냉동한 케이크 위에 스프레이 건으로 분사해 코팅한다. 케이크를 해동한다. 붉은색 나파주를 25℃가 되도록 데운다. 짤주머니에 넣어 점을 찍어 장식한다.

MILLEFEUILLE

밀푀유 by 얀 쿠브뢰르 YANN COUVREUR

최고급 호텔 파티스리를 이제 더 가깝게 만날 수 있다

파티스리 일을 하면 할수록 얀 쿠브뢰르는 더욱더 '맛'이라는 본질에 집중하게 된다. 필요 없는 과장도, 화려한 장식도, 금박도, 색소도 없다. 그는 맛있게 먹을 수 있는 디저트를 만든다. 또한, 손님이 주문하면 카운터에서 즉석에서 만들어 서빙하는 파티스리라는 새로운 트렌드를 선보였다. 그가 5성급 호텔의 셰프 파티시에 시절 인기를 끌었던 밀푀유, 파블로바, 에크랭 등의 시그니처 디저트를 이제 파티스리 부티크에서 맛볼 수 있게 된 것이다. 특별히 맛있고 사랑받는 음식이 탄생한 배경에는 대개 아름다운 스토리가 있듯이 이 독특한 밀푀유도 그의 배경을 잘 반영한 결과라고 볼 수 있다. 브르타뉴 출신인 얀은 고향의 대표 간식 퀸아망 반죽을 어떻게 영리하게 활용할지 잘 알고 있었다. 좋은 장소에서 딱 맞는 타이밍에 그는 이 파니니 프레스로 눌러 만든 푀유타주로 성공의 축배를 든다. 메밀가루를 섞어 거무스름한 색깔을 띤 개성 만점의 이 밀푀유는 아마도 이 종류의 파티스리 중 최고봉이라 할 수 있을 것이다. 캐러멜라이즈한 아주 얇은 밀푀유의 바삭하게 부서지는 식감과 그 안에 즉석에서 채워 넣은 마다가스카르산 바닐라 풍미 가득한 가벼운 크렘 파티시에를 맛본다면 그 누구라도 반하지 않을 수 없을 것이다.

4인분 준비 시간 : 1시간 ● 휴지 시간 : 3시간 30분

재료

바닐라 파우더
Poudre de vanille
타히티산 바닐라 3줄기
마다가스카르산 바닐라 3줄기
코모로산 바닐라 3줄기

퀸아망 Kouign-amann
밀가루(박력분 T45*) 350g
메밀가루 55g
플뢰르 드 셀 12g
생 이스트 7g

수분이 적은 푀유타주용 버터
 (beurre sec) 370g
물 200g
설탕 255g
무스코바도 설탕 75g

크렘 파티시에 Crème pâtissière
우유 370g
달걀노른자 90g
설탕 75g
밀가루 20g
커스터드 분말 7g
휘핑한 생크림 100g

만드는 법

바닐라 파우더
세 종류의 바닐라 빈을 말린 다음 갈아서 체에 친다.

퀸아망
전동 스탠드 믹서 볼에 밀가루, 메밀가루, 소금(플뢰르 드 셀), 생 이스트, 버터, 물을 넣고 도우 훅을 돌려 반죽한다. 속도 4로 6분간 돌려 잘 반죽한 뒤 베이킹 팬에 덜어낸 다음 납작한 정사각형 모양으로 만든다. 냉동실에 30분간 넣어둔 뒤, 다시 냉장실로 옮겨 1시간 동안 휴지시킨다. 설탕과 무스코바도 갈색 설탕을 믹서에 넣고 부드럽게 혼합한다. 반죽을 꺼내 3겹 밀어 접기(tour simple)를 2번 해준다. 우선 반죽을 길게 민 다음 3등분으로 접어 냉장고에 넣고, 매번의 밀어 접기 사이에 1시간씩 냉장고에 넣어 휴지시킨다. 두 종류의 설탕 믹스를 사이사이에 켜켜로 뿌려 넣어가며 다시 3겹 밀어 접기를 두 번 더 해준다. 설탕은 조금 남겨둔다.
총 4번의 밀어 접기를 모두 끝낸 후 반죽을 1cm 두께로 밀고, 설탕 믹스를 골고루 뿌린다. 냉장고에 몇 분간 넣어 두었다가 꺼낸 뒤 반죽을 촘촘하게 누르며 김밥처럼 말아준다. 냉동실에 넣어둔다. 말아 둔 반죽을 3mm 두께로 얇게 자른다. 3종류의 각기 다른 크기의 길쭉한 타원형 모양으로 자른다. 자른 타원형 반죽을 두 장의 유산지 사이에 끼운 다음 파니니 프레스에 넣고 190℃에서 1분간 눌러 굽는다.

크렘 파티시에
우유를 끓인 다음, 길게 갈라 긁은 바닐라 빈을 넣고 30분간 향을 우려낸다. 시간이 지나면 바닐라 빈 줄기는 건져낸다. 달걀노른자와 설탕을 흰색이 될 때까지 거품기로 혼합한 다음, 체에 친 밀가루와 커스터드 분말을 넣어 섞는다. 우유를 다시 데워 끓으면 달걀 설탕 혼합물에 넣고 잘 섞은 뒤, 다시 우유 냄비에 옮겨 붓고 약불로 가열한다. 약 2분간 끓인 후 불에서 내린다. 휘핑해 둔 생크림을 크렘 파티시에 500g에 조심스럽게 섞어준다.

플레이팅
접시 가운데 크렘 파티시에를 세 줄로 나란히 짜 놓는다. 5장의 퀸아망 페이스트리 중 가장 작은 것을 맨 밑에 놓는다. 그 위에 다시 크렘 파티시에를 짜 놓고 페이스트리를 올린다. 이 과정을 반복하여 쌓아 올린 후, 제일 큰 페이스트리를 맨 위에 얹어 마무리한다. 슈거파우더를 뿌리고, 바닐라 파우더를 밀푀유와 접시에 골고루 뿌린다.

*farine T45 : p. 22 참조

GÂTEAU DE CRÊPES À LA MANGUE

망고 크레프 케이크 by 유엘린 추이 & 앙리 부아사비 YUELIN CUI ET HENRI BOISSAVY (TANG XUAN)

파리의 중국인들이 그리워하는 추억의 디저트를 맛 볼 수 있는 사랑방, 탕 쉬엔

탕 쉬엔은 고향을 멀리 두고 떠나온 중국 유학생 셋과 프랑스 학생 한 명이 추억의 맛을 그리워하며 의기투합해 만든 카페다. 중국의 추억의 디저트인 크레프 케이크를 파리에서 처음 선보인 이곳은 파리 주재 중국 교민들도 즐겨 찾는다. 소수이긴 하지만 이 생소한 케이크를 맛보기 위해 호기심으로 찾아오는 프랑스인들도 점점 늘고 있다. 럭셔리 비즈니스 매니지먼트 MBA를 수료한 유엘린과 카르티에 비벌리힐즈 매장의 보석 감정사 출신인 피에르 앙리는 사실 케이크와는 거리가 먼 분야에 종사했던 이력을 갖고 있다. 그들은 파티스리를 배우고, 크레프 케이크의 레시피를 구입한 뒤 매장을 오픈했다. 홍콩에서 공수한 녹색, 붉은색 전통 목재가구, 벽을 장식한 도자기 소품들은 동양의 정적인 분위기를 연출하기에 부족함이 없다. 탕 쉬엔에서는 망고, 말차, 두리안 등을 이용한 다양한 종류의 크레프 케이크를 만들고 있다. 스푼으로 한가득 떠 입에 넣으면 혀에서 그냥 사르르 녹아 사라지는 이 케이크는 전체적으로 아주 가볍고, 부드러운 구름 같은 식감이다. 파리 파티스리계의 떠오르는 별임에 틀림없다.

12인분 준비 시간 : 1시간 ● 휴지 시간 : 1시간 ● 조리 시간 : 30분

재료

크레프 반죽 La pâte à crêpes
밀가루 200g
달걀 3개
우유 600g
버터 20g

크렘 샹티이 La crème chantilly
차가운 생크림(유지방 35%) 500g
설탕 50g
망고 4개

망고 쿨리 Le coulis de mangue
얇게 썰고 남은 망고
설탕 적당량

만드는 법

크레프 반죽
볼에 밀가루를 넣고 달걀, 우유, 녹인 버터를 넣어 잘 섞은 후 1시간 휴지시킨다. 지름 28cm 크기의 납작한 팬에 버터를 고루 바르고 뜨겁게 달군 뒤 국자로 반죽을 떠 넣어 얇은 크레프를 부쳐낸다. 반죽이 모두 소진될 때까지 전부 부친다.

크렘 샹티이
전동 스탠드 믹서 볼에 생크림과 설탕을 넣고 서품기로 돌린다. 단단하게 휘핑한 크렘 샹티이를 냉장고에 보관한다. 망고 과육은 4mm 두께로 얇게 썰어둔다.

망고 쿨리
남은 망고 과육을 모두 블렌더에 넣고 갈아 퓌레를 만든다. 필요하면 설탕을 넣는다.

완성하기
큰 접시에 크레프를 한 장 깔고 그 위에 크렘 샹티이를 바른다. 이 작업을 10번 반복하며 쌓아준다. 세 겹마다 크렘 샹티이 위에 얇게 썬 망고도 깔아준다. 맨 마지막을 크레프로 마무리 한 뒤, 망고 쿨리를 끼얹어 완성한다.

LIPSTICK
CLAIR-OBSCUR

립스틱 클레르-옵스퀴르 by 클레르 다몽 CLAIRE DAMON (DES GÂTEAUX ET DU PAIN)

우리가 조바심을 내지 않아도 결국 라즈베리의 계절은 올 것이다

칠레의 시인 파블로 네루다를 좋아하는 클레르 다몽은 한 해 동안 계절에 맞춰 출시되는 신선한 과일을 사용하여 디저트를 만든다. 무명이었던 시절부터 그녀는 계절성을 중시했고, '어찌되었건 라즈베리의 계절은 올 것'이라고 믿으며 스스로를 안심시켰다. 그러한 콘셉트를 잘 살려서 그녀는 제철 과일을 적극 활용하는 파티스리 부티크를 오픈했다. 그녀의 공간은 예쁜 소품이 넘치고 기분 좋은 분위기지만 아주 화려하지는 않다. 시간, 즉 계절을 존중하는 것이 곧 럭셔리라고 여기는 그녀는 가장 맛있는 제철 과일을 기본으로 아주 섬세한 정성이 많이 들어가며 구조적으로도 완벽하게 균형을 이루는 완성도 높은 케이크를 만들어내고 있다. 립스틱이라는 이름의 이 케이크는 디자이너 앙드레 쿠레주(André Courrèges)의 시그니처 의상(광이 나는 비닐 점퍼와 매트한 무광의 원피스)에서 영감을 얻은 그녀의 초창기 케이크 중 하나다. 두 층으로 나뉜 케이크의 상단은 마치 비닐처럼 매끄럽고 윤기가 나며, 하단은 무광 원피스처럼 매트하다. 입에 넣으면 아몬드 크리스피가 그 시작을 알리고 곧바로 황설탕의 달콤함과 무스처럼 가벼운 아몬드 크림이 다가온다. 이어서 레바논산 오렌지 블러섬 향기가 감도는 크렘 브륄레의 상큼함이 계속되고, 산미가 매력적인 에티오피아 커피 향이 풍부하게 입안을 감싼다. 차가움과 따뜻함, 바삭함과 부드러움, 무슬린, 샹티이 크림, 크렘 브륄레 이 모든 것이 입안에서 조화롭게 제 개성을 뽐내며 어우러진다. 이것은 먹어보아야만 비로소 이해할 수 있는 케이크다.

8인분(4인분용 홀 케이크 2개분) 준비 시간 : 2시간 30분 ● 휴지 시간 : 20시간 ● 조리 시간 : 32분

재료

커피 크렘 파티시에
La crème pâtissière au café
우유 130g
달걀노른자 20g
설탕 1꼬집
옥수수 전분 10g
상온의 부드러운 버터 1조각
에티오피아 커피 12g

커피 버터크림
La crème au beurre au café
우유 30g
에티오피아 커피가루 4g
달걀노른자 180g
설탕(1) 25g
물 15g
설탕(2) 35g
달걀흰자 25g
상온의 부드러운 버터 130g

에티오피아 커피 무슬린
La mousseline
au café d'Éthiopie
커피 버터크림 250g
커피 크렘 파티시에 90g

갈색 사탕수수 설탕 크리스피
Le croustillant à la vergeoise
신선한 버터 70g
갈색 사탕수수 설탕 70g
아몬드 슬라이스 50g
밀가루(박력분 T45) 20g
플뢰르 드 셀 1꼬집

아몬드 크림
La crème d'amandes
버터 40g
슈거파우더 40g
아몬드 가루 40g
달걀 3개
크렘 파티시에 16g
우유 6g
갈색 설탕 크리스피 구운 것 180g

레이디 핑거 비스킷
Le biscuit à la cuillère
달걀흰자 40g
설탕 30g
달걀노른자 25g
녹말가루 16g
밀가루(박력분 T45*) 16g
에스프레소 커피(비스킷 적시는 용도)
1컵

오렌지 블러섬 워터 크렘 브륄레
La crème brulée à l'eau de fleur d'oranger
판 젤라틴 1장
우유 70g
크림 100g
달걀노른자 40g
설탕 25g
오렌지 블러섬 워터 10g

에티오피아 커피 샹티이
La chantilly au café d'Éthiopie
판 젤라틴 1장
생크림(1) 80g
에티오피아 커피가루 20g
생크림(2) 160g
설탕 40g

커피 글라사주 Le glaçage café
판 젤라틴 ½장
크림 85g
화이트 커버처 초콜릿
(Ivoire de Valrhona) 140g
에티오피아 시다모 커피 15g
향이 강하지 않은 나파주 60g

아이보리 글라사주
Le glaçage Ivoire
판 젤라틴 ½장
크림 85g
화이트 커버처 초콜릿
(Ivoire de Valrhona) 140g
향이 강하지 않은 나파주 60g

*farine T45 : p. 22 참조

DES GATEAUX ET DU PAIN

DES GATEAUX ET DU PAIN

LIPSTICK CLAIR-OBSCUR
립스틱 클레르-옵스퀴르 by 클레르 다몽 CLAIRE DAMON (DES GÂTEAUX ET DU PAIN)

만드는 법

커피 크렘 파티시에
소스팬에 우유를 넣고 가열한다. 볼에 달걀노른자, 설탕, 옥수수 전분을 넣고 색이 하얗게 될 때까지 거품기로 휘저어 섞는다. 우유가 끓으면 혼합물에 부어 잘 섞은 다음 다시 소스팬으로 옮겨 붓고 주걱으로 계속 저어가면서 중불에서 익힌다. 혼합물이 끓으면 즉시 불에서 내려 볼에 쏟고, 상온의 부드러운 버터를 넣고 섞는다. 이렇게 만들어진 크렘 파티시에 중 20g은 따로 덜어 냉장고에 보관해 두었다가 아몬드 크림 만들 때 사용한다. 나머지 혼합물에 커피를 넣은 후 핸드 블렌더로 갈아 잘 혼합한다. 냉장고에 넣어둔다.

커피 버터크림
크렘 앙글레즈를 만든다. 소스팬에 우유와 커피를 넣고 가열한다. 볼에 달걀노른자와 설탕(1)을 넣고 색이 하얗게 될 때까지 거품기로 잘 혼합한다. 우유가 끓으면 즉시 이 혼합물에 붓고 잘 섞은 다음 다시 소스팬으로 옮긴다. 중불에 올린 후 나무 주걱으로 계속 저으면서 익힌다. 온도가 85℃에 이르면 바로 볼에 덜어 더 이상 익는 것을 중단시킨다. 핸드 블렌더로 돌려 잘 혼합한 뒤 넓적한 그라탱 용기에 덜어내어 식힌다. 냉장고에 보관한다. 이탈리안 머랭을 만든다. 소스팬에 설탕(2)과 물을 넣고 가열한다. 시럽의 온도가 110℃가 되면, 전동 스탠드 믹서 볼에 달걀흰자를 넣고 거품을 올리기 시작한다. 시럽이 121℃가 되면 불에서 내리고, 달걀흰자 머랭에 가늘게 조금씩 흘려 넣어주며 계속 돌린다. 머랭 혼합물의 온도가 따뜻한 정도까지 식으면 믹서를 멈춘다. 다른 믹싱볼에 상온의 부드러운 버터를 넣고, 플랫비터로 돌려 풀어준다. 차갑게 식힌 크렘 앙글레즈와 이탈리안 머랭을 넣고 균일하게 잘 섞은 뒤 넓적한 그라탱 용기에 옮겨 담고, 랩을 표면에 밀착되게 덮어 냉장고에 보관한다.

에티오피아 커피 무슬린
전동 스탠드 믹서 볼에 커피 버터크림과 커피 크렘 파티시에를 넣고 거품기로 잘 섞는다. 매끈하고 균일하게 혼합되면 볼에 덜어 놓는다.

갈색 사탕수수 설탕 크리스피
전동 스탠드 믹서 볼에 버터와 설탕을 넣고 크리미한 농도가 되도록 플랫비터로 돌려 잘 혼합한 다음, 나머지 재료를 넣고 섞는다. 혼합물이 부드러운 상태가 되면 두 장의 유산지 사이에 덜어 밀대로 밀어 준 다음 베이킹 팬에 놓고, 직사각형 테두리 틀을 얹는다.
160℃ 오븐에서 17분간 굽는다. 오븐에서 꺼낸 뒤 지름 14cm의 무스 링으로 찍어 두 개의 원반 모양을 만들고 틀을 끼운 상태로 둔다.

아몬드 크림
전동 스탠드 믹서 볼에 버터를 넣고 플랫비터로 돌려 포마드 상태가 될 때까지 부드럽게 풀어준다. 여기에 슈거파우더와 아몬드 가루를 먼저 넣어 섞은 뒤, 달걀을 조금씩 넣어가며 거품기로 혼합한다. 이때 볼의 가장자리나 거품기, 볼 바닥에 붙은 혼합물을 중간중간 실리콘 스크래퍼로 잘 긁어가며 고루 섞이도록 해준다. 크렘 파티시에를 우유와 섞어준 다음 볼에 넣고 혼합한다. 완성된 크림을 원형 틀 안의 갈색 설탕 크리스피 위에 각각 얹는다. 그 상태로 180℃ 오븐에서 10분간 익힌다.

레이디 핑거 비스킷
상온의 달걀흰자에 설탕을 조금씩 넣어가며 거품을 올린다. 거품기를 멈추고 달걀노른자를 넣은 다음, 속도 3으로 1초간 재빨리 돌려 섞는다. 미리 체에 친 밀가루와 녹말가루를 넣고 주걱으로 잘 섞는다. 촘촘한 구멍이 난 천공 베이킹 팬에 유산지를 깔고, 반죽을 길쭉하게 손가락 모양으로 짜 놓은 다음 190℃ 오븐에서 4~5분간 굽는다.

오렌지 블러섬 워터 크렘 브륄레
젤라틴을 찬물에 담가 불린다. 크렘 앙글레즈를 만든다. 소스팬에 우유와 크림을 넣고 데운다. 볼에 달걀노른자와 설탕을 넣고 흰색이 날 때까지 거품기로 잘 저어 혼합한다. 여기에 뜨거운 우유와 크림을 붓고 잘 저어 섞은 뒤 다시 소스팬으로 옮겨 약불에 올린다. 계속 저어주면서 익혀 온도가 82℃에 이르면 물을 꼭 짠 젤라틴과 오렌지 블러섬 워터 에센스를 넣는다. 지름 14cm 원형 실리콘 몰드 2개에 혼합물 120g을 부어 넣은 후, 냉동실에 최소 6시간 이상 넣어 급속 냉동시킨다.

에티오피아 커피 샹티이
젤라틴을 찬물에 담가 불린다. 생크림(1)을 데운 뒤, 커피가루를 넣어 2분간 향을 우려낸다. 체로 거른 뒤 크림의 무게를 다시 정확히 계량한다. 물을 꼭 짠 젤라틴과 차가운 생크림(2)을 넣고 섞은 다음 냉장고에 약 12시간 보관한다. 설탕을 넣어가며 거품기로 휘핑하여 샹티이 크림을 만든 후 다시 냉장고에 넣어둔다.

커피 글라사주
젤라틴을 찬물에 담가 불린다. 크림을 가열하여 끓으면 바로 불에서 내리고, 물을 꼭 짠 젤라틴을 넣어 잘 섞은 뒤 초콜릿 위에 붓는다. 커피를 넣고 실리콘 주걱으로 잘 섞는다. 70~80℃ 온도의 나파주를 혼합물에 넣고 잘 섞은 다음 체로 거른다. 핸드 블렌더로 갈아 혼합한다. 이 커피 글라사주는 35℃의 온도로 사용한다.

아이보리 글라사주
커피 글라사주에서 커피만 넣지 않는 방법으로 동일하게 준비한다.

완성하기
냉장고에서 커피 무슬린 크림을 꺼내 전동 스탠드 믹서 볼에 넣고 돌려 부드럽게 풀어준 다음 짤주머니에 넣는다. 지름 16cm, 높이 2cm 크기의 무스 링 2개에 크림을 달팽이 모양으로 짜 넣은 다음 바삭한 크리스피를 얹는다. 다시 무슬린 크림을 바깥 가장자리에서 중앙 쪽으로 짜 덮은 다음, 냉동해둔 오렌지 블러섬 워터 크렘 브륄레를 살짝 눌러가며 넣는다. 커피 무슬린 크림을 덮어 매끈하게 표면을 정리한다. 냉동실에 넣고 최소 6시간 이상 보관한다.
냉장고에서 커피 샹티이 크림을 꺼낸 뒤 거품기로 돌려 다시 휘핑한다. 두 개의 16cm 무스 링을 준비하여 중간 높이까지 샹티이 크림을 채운다. 레이디 핑거 비스킷에 에스프레소 커피를 적신 다음 샹티이 크림 위에 놓는다. 그 위에 샹티이 크림을 다시 덮어 채운다. L자형 스패출러로 표면을 매끈하게 정리한 다음 냉동실에 최소 2시간 이상 넣어둔다.
커피 무슬린 크림의 원형 틀을 빼낸다. 아이보리 글라사주를 스프레이 건으로 분사해 이 두 개의 원형 케이크를 벨벳과 같은 질감이 나게 코팅한다. 서빙용 접시에 담은 뒤 냉장고에 보관한다. 샹티이 크림도 원형 틀을 제거하고 35℃의 매끈한 커피 글라사주를 입힌 다음, 무슬린 케이크 위에 올린다. 냉장고에 6시간 넣어 두어 케이크가 해동된 다음 먹는다.

PARIS-TENU !

파리 트뉘 by 프랑수아 도비네 FRANÇOIS DAUBINET

자유로움으로 펼치는 놀라운 디저트의 세계

프랑수아 도비네가 만드는 모든 디저트에는 회화, 조각, 그라피티 등 광범위한 의미의 미술에서 얻은 영감이 녹아 있다. 조각 작품을 클래식 디저트 파리 브레스트에 접목하여 만들어낸 파리 트뉘는 기존에 선보인 적 없는 새로운 유형이었으나 프랑수아에게는 아주 친숙한 것이다. 처음에 반 스푼만 입에 넣어도 헤이즐넛과 흑임자라는 놀라운 맛이 입안과 침샘, 목구멍까지 달콤한 자극으로 가득 채운다. 크런치한 비스킷 식감의 작은 슈를 중심으로 하여 헤이즐넛 흑임자 파운드케이크, 헤이즐넛 크리스피, 헤이즐넛 가나슈, 흑임자 프랄리네와 헤이즐넛 바바루아즈의 다양한 맛과 식감의 변주가 끊임없이 이어진다. 무모하리만큼 대단하고 놀라운 작업의 결과다. 맛의 균형을 완벽에 가깝게 끌어올리고자 끊임없이 도전하는 그에게 있어 창조의 한계란 존재하지 않는다. 자유로운 모험으로 최고의 완성도를 이루어낸 이 디저트는 짧은 티타임 동안 이국적인 여행을 떠나는 듯한 행복을 선사할 것이다. 파리에 이어 내년에는 그의 고향에서도 선보일 예정이다.

8인분 준비 시간 : 4시간 ● 조리 시간 : 약 44분 ● 냉장 시간 : 4시간 20분

재료

헤이즐넛 파운드케이크 반죽
L'appareil du cake à la noisette
헤이즐넛 가루 22.5g
비정제 황설탕 11.2g
무스코바도 설탕 7.5g
슈거파우더 8g
달걀흰자(1) 6.5g
흑임자 1g
달걀노른자 7.5g
밀가루(다목적용 중력분 T55*) 10g
베이킹파우더 1g
고운 소금 0.1g
갈색이 나도록 녹인 버터 21.5g
달걀흰자(2) 25g
설탕 3.5g

레몬 시럽
Le sirop d'imbibage citron
물 60g
설탕 60g
레몬 1개

흑임자 프랄리네
Le praliné au sésame noir
흑임자 120g
설탕 80g
소금(플뢰르 드 셀) 0.2g

프랄리네 크리스피
Le croustillant praliné
무염 버터 20g
체에 친 슈거파우더 20g
옥수수 전분(Maïzena®) 24g
아몬드 가루 11g
고운 소금 0.4g
쌀 튀밥 20g
구운 아몬드 다진 것 5g
화이트 커버처 초콜릿
  (Opalys de Valrhona) 20g
헤이즐넛 페이스트 25g

헤이즐넛 가나슈
La ganache noisette
우유 112.5g
생크림(유지방 35%) 12.5g
고운 소금 0.5g
바닐라 빈 ½줄기
밀크 초콜릿 헤이즐넛 잔두야 75g
헤이즐넛 페이스트 75g

밀크 초콜릿 헤이즐넛 코팅
L'enrobage lacté et noisette
카카오 버터 60g
밀크 커버처 초콜릿
  (Jivara de Valrhona 40%) 40g
구운 헤이즐넛 다진 것 15g

헤이즐넛 프랄리네 바바루아즈
La bavaroise pralinée et noisette
젤라틴 가루 2g
생크림(유지방 35%) 100g
자가제 헤이즐넛 프랄리네 120g
부드럽게 휘핑한 생크림 150g

슈 페이스트리 La pâte à choux
우유 125g
물 125g
버터 115g
고운 소금 5g
설탕 5g
밀가루(다목적용 중력분 T55) 140g
달걀 250g

초콜릿 글라사주
Le glaçage au chocolat
젤라틴 가루 9g
물 110g
옥수수 시럽 150g
설탕 150g
가당 연유 100g
다크 커버처 초콜릿
  (Andoa de Valrhona 75%) 180g
포도씨유 25g

*farine T55 : p. 14 참조.

PARIS-TENU !
파리 트뉘 by 프랑수아 도비네 FRANÇOIS DAUBINET

만드는 법

헤이즐넛 파운드케이크
푸드 프로세서에 헤이즐넛 가루, 여러 가지 설탕류, 달걀흰자(1), 흑임자, 달걀노른자, 밀가루, 베이킹파우더와 소금을 넣고 갈아 혼합한다. 갈색이 날 때까지 데운 버터를 넣고 균일하게 섞는다. 달걀흰자(2)에 설탕을 조금씩 넣어가며 단단하게 거품을 올린다. 흰자 머랭을 혼합물에 넣고 실리콘 주걱으로 살살 섞어준다. 지름 3cm 크기의 반구형 실리콘 몰드에 혼합물을 넣은 뒤, 165℃ 오븐에서 13분간 굽는다. 오븐에서 꺼낸 다음 틀에서 분리하여 망 위에 놓아 식힌다.

레몬 시럽 적시기
물과 설탕을 끓여 시럽을 만든다. 레몬 껍질 제스트와 레몬즙을 넣는다. 따뜻한 온도로 식은 파운드케이크를 약 45℃의 시럽에 담가 적신 뒤 건진다.

흑임자 프랄리네
베이킹 팬에 실리콘 패드를 깐 다음, 흑임자를 펼쳐 놓고 160℃ 오븐에서 8분간 로스팅한다. 소스팬에 설탕을 넣고 약불로 녹여 캐러멜을 만든다. 캐러멜이 밝은 갈색이 나기 시작하면 소금을 넣은 뒤, 흑임자 위에 붓는다. 상온으로 식으면 푸드 프로세서에 넣고 분쇄하여 균일한 텍스처의 프랄리네 페이스트를 만든다. 모터의 파워가 약한 경우 과열될 우려가 있으니 잠깐씩 끊어 돌리는 것이 안전하다.

프랄리네 크리스피
파트 쉬크레를 만든다. 우선 전동 스탠드 믹서 볼에 상온의 부드러운 버터와 슈거파우더를 넣고 플랫비터를 돌려 잘 혼합하여 크림 질감을 만든다. 옥수수 전분, 아몬드 가루와 소금을 넣는다. 균일하게 혼합되면 밀대를 사용하여 납작하게 밀어 편 다음, 유산지를 깐 베이킹 팬에 놓는다. 165℃ 오븐에서 16분간 구운 뒤, 망에 올려 식힌다. 완전히 식으면 파트 쉬크레를 잘게 다져 쌀 튀밥, 다진 아몬드와 섞는다. 화이트 커버처 초콜릿을 녹인 다음 헤이즐넛 페이스트를 넣고 균일하게 섞는다. 크리스피 혼합물과 초콜릿을 잘 섞은 뒤, 베이킹 팬 위에 흩뜨려 펼쳐 놓는다. 냉장고에 약 20분간 넣어둔 다음, 완전히 식어 굳으면 칼로 굵직하게 다진다.

헤이즐넛 가나슈
우유와 생크림에 소금과 바닐라를 넣고 가열해 85℃가 되면 곱게 다진 잔두야와 헤이즐넛 페이스트가 담긴 볼에 여러 번에 나누어 붓고 잘 섞어 혼합한 다음, 핸드 블렌더로 갈아 완전히 에멀전화한다. 지름 3cm 반구형 몰드에 혼합물을 채운 뒤, 다져 놓은 프랄리네 크리스피로 덮어준다. 냉동실에 최소 4시간 이상 보관한다. 남은 가나슈는 냉장고에 보관했다가 마지막 완성 단계에 사용한다.

밀크 초콜릿 헤이즐넛 코팅
카카오 버터를 녹인 뒤 커버처 초콜릿과 섞어 45℃가 될 때까지 녹인다. 다진 헤이즐넛을 넣는다. 반구형으로 굳힌 헤이즐넛 가나슈 겉면을 초콜릿 코팅으로 씌워준다.

헤이즐넛 프랄리네 바바루아즈
젤라틴 가루를 찬물에 적셔 불린다. 생크림을 데워 80℃에 이르면 불린 젤라틴을 넣어 잘 섞는다. 프랄리네에 뜨거운 크림을 여러 번에 나눠 부으며 잘 혼합하고, 핸드 블렌더로 갈아 완전히 에멀전화한다. 혼합물의 온도가 30℃가 되면 거품 올린 생크림을 넣고 조심스럽게 섞는다. 동그란 구형 몰드에 넣은 뒤 냉장고에 보관한다.

슈 페이스트리
냄비에 우유, 물, 버터, 소금, 설탕을 넣고 가열한다. 끓으면 불에서 내리고 체에 친 밀가루를 한 번에 넣는다. 다시 약불에 올린 뒤 주걱으로 잘 저으면서 약 1분간 익히며 수분을 날린다. 전동 스탠드 믹서 볼에 옮겨 담고, 달걀을 조금씩 넣어가며 돌려 혼합한다. 반죽이 완전히 혼합되면 짤주머니에 넣고(원형 깍지 3.5mm) 베이킹 팬 위에 각기 다른 3가지 크기의 아주 작은 미니 슈를 짜 놓는다. 185℃ 오븐에서 10~15분간 구워낸다.

초콜릿 글라사주
젤라틴 가루를 찬물에 적셔 불린다. 냄비에 물, 옥수수 시럽, 설탕을 넣고 끓여 102℃가 되면 불린 젤라틴과 연유를 넣고 잘 섞는다. 다진 초콜릿과 포도씨유에 붓고 실리콘 주걱으로 잘 섞은 뒤, 핸드 블렌더로 한 번 더 갈아 완전히 에멀전화한다. 너무 공기가 많이 유입되지 않도록 주의한다. 냉장고에 보관한다. 이 글라사주는 40℃의 온도로 사용한다.

완성하기
디저트 안에 들어갈 지름 3.5cm의 구형 내용물을 완성한다. 아랫부분에는 레몬 시럽을 적신 파운드케이크, 흑임자 프랄리네, 윗부분에는 헤이즐넛 가나슈, 헤이즐넛 프랄리네 크리스피, 이 각각의 반구형을 붙여 구형을 만든다. 얼린 상태의 이 동그란 속 내용물을 헤이즐넛 프랄리네 바바루아즈에 놓고 다시 바바루아즈로 덮어 지름 5cm의 구를 만든다. 카카오 버터를 이용해 미니 슈를 붙지 않게 떼어놓는다. 각기 다른 크기의 미니 슈를 구의 표면 전체에 헤이즐넛 가나슈를 이용하여 골고루 조화롭게 붙인다. 마지막으로 초콜릿 글라사주를 이 둥근 디저트에 부어 씌운다.

ALI BABA

알리바바 by 세바스티앵 데가르댕 *SÉBASTIEN DÉGARDIN*

새롭게 만들어낸 것은 하나도 없다. 단지 조금 발전시켰을 뿐…

파티스리에서 세바스티앵 데가르댕이 더욱 소중히 생각하는 것은 자신이 발전시켜 만들어낸 새로운 것이 아니라, 그 파티스리가 본래 가지고 있는 원형의 모습이다. 겸손함의 미덕을 지닌 그는 오늘날의 파티스리 테크닉 중 진정한 창조라고 할 만한 원형으로 슈 페이스트리와 푀유타주를 꼽았으며, 많은 파티시에가 이를 이용한 파티스리를 다양하게 만들어내고 있음에 주목한다. 그는 지름길을 택하기보다는 시간과 공이 많이 들더라도 정확한 최고의 맛을 선사하는 케이크를 제대로 만드는 데 주력한다. 다양한 디저트를 만드는 그는 목적과 상황에 맞게 적절한 제안을 해준다. 간단히 달콤한 간식이 먹고 싶다면 애플 타르트나 초콜릿 에클레어, 친구들과의 즐거운 저녁 모임에는 다양한 케이크류, 온가족이 함께 하는 일요일의 점심 식사에는 파리 브레스트나 생토노레를 큼직하게 만들어 나누어 먹는다. 바바는 좀 특별하다. 통통한 모습을 하고 있는 세바스티앵의 바바는 아주 섬세하고 재치 있게 구성되었다. 맨 밑에는 바닐라 사바용 크림을 넣은 다음 그 위에 바닐라와 시트러스 향이 가득한 시럽에 흠뻑 적신 바바 케이크를 얹었다. 촉촉함의 극대화를 보여주는 이 디저트의 화룡점정은 바로 맨 위에 꽂혀 있는 럼 스포이트다. 원하는 만큼 조절해서 즐길 수 있다.

바바 약 10개 분량 준비 시간 : 1시간 30분 ● 조리 시간 : 약 26분 ● 냉장/휴지 시간 : 31시간

재료

바바 반죽 La pâte à baba
건포도(Smyrne) 20g
생 이스트 20g
입자가 아주 고운 밀가루
  (farine de gruau*) 250g
푀유타주용 수분 함량이 낮은
버터(beurre sec) 62g
  (*유지방 함량 84%. 일반 버터는 82%)
설탕 10g
소금(플뢰르 드 셀) 5g

달걀 175g
물 100g
상온의 부드러운 버터 적당량

바바 시럽 Le sirop d'imbibage
레몬 2개
오렌지 ½개
설탕 750g
바닐라 빈 ½개
물 1500g
럼 적당량

바닐라 라이트 크림
La crème légère à la vanille
물 180g
설탕 100g
바닐라 빈 1/4 줄기
생크림(유지방 35%) 200g
판 젤라틴 3.5g
달걀노른자 45g
바닐라 에센스 3.5g

살구 나파주
Le nappage à l'abricot
살구 나파주(nappage abricotine)
125g
물 25g

완성하기 Montage et finition
살구 나파주(abricotine) 적당량
럼 적당량
플라스틱 미니 스포이트

만드는 법

바바 반죽
건포도를 칼로 굵직하게 다진다. 생 이스트를 물에 푼다. 전동 스탠드 믹서 볼에 밀가루와 버터를 넣고 플랫비터를 돌려 섞는다. 모래와 같은 질감이 되면 생 이스트를 넣고 계속 섞어준다. 설탕, 소금을 넣고 달걀을 하나씩 넣어가며 잘 혼합한다. 반죽이 균일하고 윤기나게 섞이면 건포도를 넣고 다시 3분간 돌려 반죽한다. 반죽을 25~29℃ 온도에 30분간 두어 발효시킨 다음, 재빨리 반죽기로 돌리며 부푸는 동안 생긴 공기를 빼준다. 혼합물을 짤주머니에 넣은 다음, 미리 안쪽에 버터를 발라둔 사바랭 틀에 채워 넣는다. 25~30℃ 온도에 30분간 휴지시켜 부풀게 한다. 반죽이 잘 부풀면 180℃ 오븐에서 약 20분간 굽는다. 바바를 틀에서 분리해 꺼낸 다음, 오븐 그릴망 위에 올리고 다시 180℃에서 6분간 균일하게 익도록 구워 마무리한다. 바바를 식힘망에 올린 뒤 습기 없는 곳에 두어 하룻밤 건조시킨다.

바바에 시럽 적시기
감자 필러를 사용하여 레몬과 오렌지의 껍질을 흰 부분 없이 얇게 벗긴다. 설탕과 바닐라 빈, 벗겨낸 레몬, 오렌지 껍질을 잘 섞어 냄비에 넣고 물을 부은 뒤 끓여 시럽을 만든다. 랩을 씌운 뒤 24시간 동안 그대로 두어 향이 우러나게 한다. 다음 날 시럽을 체에 거른 다음 다시 끓인다. 바바를 시럽에 흠뻑 적신 다음 망 위에 놓아 시럽이 아래로 흐르게 둔다. 럼을 바바에 골고루 뿌린다.

바닐라 라이트 크림
물과 설탕을 끓여 시럽을 만든다. 생크림을 데운 뒤 바닐라 빈을 길게 갈라 긁어 넣고 최소 6시간 이상 향을 우려낸다. 크림이 식으면 바닐라 빈 줄기를 건져낸다. 전동 스탠드 믹서 볼에 크림을 넣고 거품기를 돌려 휘핑한다. 크림이 거품기에 묻어 떨어지지 않을 정도가 되면 완성된 것이다. 냉장고에 넣어둔다. 판 젤라틴을 찬물에 담가 냉장고에 보관한다. 달걀노른자와 시럽, 바닐라 에센스를 섞어 전자레인지에 넣고 약하게 돌려 살짝 데운 다음 체에 거른다. 파트 아 봉브(pâte à bombe)를 만든다. 우선 이 혼합물을 전동 스탠드 믹서 볼에 넣고, 색이 하얗게 변하고 부피가 두 배가 될 때까지 돌려 혼합한다. 젤라틴은 물을 꼭 짜 중탕으로 녹인 다음 혼합물에 넣어 섞는다. 여기에 휘핑해 둔 크림을 넣고 조심스럽게 섞어준다.

살구 나파주
나파주를 물에 녹이고 가열해 끓으면 불에서 내린다.

완성하기
바바를 뒤집어 놓고 살구 나파주를 씌운다. 서빙용 종이컵에 짤주머니로 바닐라 라이트 크림을 짜 넣고, 그 위에 바바를 얹는다. 미니 스포이트에 럼을 채운 뒤 바바 위에 한 개씩 꽂아준다.

*farine de gruau T45 : p. 76 참조.

LA TROPÉZIENNE

트로페지엔 by 로랑 파브르 모 LAURENT FAVRE-MOT

파리에서 느끼는 프랑스 남부의 달콤함

코트 다쥐르 바르(Var) 출신인 로랑은 트로페지엔보다 더 마음에 드는 케이크를 여지껏 찾지 못했다. 이 디저트는 크림과 브리오슈라는 두 가지 재료의 조합인데, 잘 만든 것은 둘 다 아주 가볍다. 그의 트로페지엔은 전통적인 방법을 기본으로 하고 있긴 하지만, 크렘 앙글레즈, 마스카르포네, 샹티이와 바닐라를 조합한 크림으로 너무 달지 않으면서도 풍부함을 살린 참신한 변화를 주었다. 또한 브리오슈에 굵직한 설탕 알갱이를 뿌려 달콤함은 물론이고 깨물면 아삭하고 부서지는 재미난 식감도 선사한다. 이 디저트는 전체적으로 우유 맛이 진하고, 식감이 흐르는 듯 부드러우면서도 가벼우며 상큼한 오렌지 블러섬 워터의 향이 은은히 배어 있다. 오렌지 껍질 제스트를 갈아 시럽에 킥을 준 다음 브리오슈를 적셔주면 되니 그리 복잡하지 않다. 트로페지엔은 샌드위치처럼 두 손으로 들고 아삭 깨물어 먹는다. 겨울에는 밀크 초콜릿, 프랄리네 크림, 캐러멜라이즈드 헤이즐넛으로 만든 이 디저트로 생 트로페의 달콤함을 즐길 수 있으니 이 또한 얼마나 행복한가.

6~8인분 준비 시간 : 1시간 ● 휴지 시간 : 12시간 ● 조리 시간 : 20~30분

재료

브리오슈 La brioche
밀가루(박력분 T45*) 350g
소금 8g
설탕 45g
생 이스트 12g
달걀 5개
버터(상온) 220g
우박설탕 적당량

크렘 파티시에 마담
La crème pâtissière Madame
크렘 파티시에
La crème pâtissière
판 젤라틴 1장
바닐라 빈 2줄기
우유 250g
달걀노른자 80g

설탕 40g
녹말가루 15g
휘핑한 크림 La crème montée
생크림(유지방 35%) 200g

만드는 법

브리오슈

전동 스탠드 믹서 볼에 밀가루, 소금, 설탕, 이스트, 달걀 4개를 넣고, 도우 훅으로 10분간 돌려 반죽한다. 깍둑 썬 버터를 넣고 7분간 더 반죽한다. 볼에 덜어낸 다음 랩을 씌워 냉장고에 하룻밤 넣어둔다. 다음 날 브리오슈 반죽을 둥근 모양으로 만든 다음, 상온에서 2시간 발효시킨다. 하나 남은 달걀은 잘 풀어 놓는다. 반죽이 발효되어 부피가 커지면, 표면에 붓으로 달걀물을 조심스럽게 발라준 다음, 우박설탕을 뿌려 얹는다. 170℃ 오븐에서 20~30분간 굽는다. 오븐에서 꺼낸 뒤 망 위에 놓아 식힌다.

크렘 파티시에 마담

크렘 파티시에

판 젤라틴을 찬물에 담가 말랑하게 불린다. 바닐라 빈 줄기를 길게 갈라 안의 가루를 긁어낸다. 소스팬에 우유와 바닐라 빈과 줄기를 모두 넣고 가열한다. 그 동안 달걀노른자와 설탕, 녹말가루를 볼에 넣고 거품기로 잘 저어 흰색이 될 때까지 혼합한다. 우유가 끓으면 즉시 달걀 설탕 혼합물에 붓고 바닐라 빈 줄기를 건져낸 다음 잘 섞는다. 혼합물을 다시 소스팬으로 옮겨 붓고 약한 불에 올려 계속 저어주며 익힌다. 크림의 농도가 되직해지면 불에서 내린 후 넓적한 그라탱 용기에 붓고, 랩을 밀착되게 덮은 뒤 냉장고에 최소 2시간 보관한다.

크림 휘핑하기

전동 스탠드 믹서 볼에 생크림을 넣고 거품기로 돌려 단단하게 휘핑한다. 볼에 덜어 놓는다. 차갑게 식은 크렘 파티시에를 거품기로 돌려 매끈하게 풀어준 다음, 휘핑해 놓은 크림을 넣고 살살 섞어준다.

완성하기

빵 칼을 이용하여 브리오슈를 가로로 자른다. 원형 깍지(10mm)를 끼운 짤주머니에 크렘 파티시에 마담을 채워 넣는다. 브리오슈 아래쪽 면 위에 크림을 동글동글하게 짜서 채운다. 브리오슈 뚜껑을 덮어 완성한다.

*farine T45 : p. 22 참조

100 % NORMANDE

100% 노르망디 by 장 프랑수아 푸셰 JEAN-FRANÇOIS FOUCHER

모든 재료를 한 지역의 것으로 사용하면 그 조합의 완성도는 최상급이 된다

장 프랑수아 푸셰는 파리에 살고 있지만 어릴 적 그의 고향집 노르망디에는 과수원이 딸려 있었다. 그는 이곳에서 생산되는 제철 재료를 사용해 계절성을 살리고 자연에 대한 존중을 담은 파티스리를 만들고자 하는 꿈을 키웠다. "요리사들은 계절이 모든 것을 결정하도록 해야 한다는 사실을 이미 오래전부터 이해하고 있었습니다." 노르망디에서는 굳이 멀리 이동하지 않아도 쉽게 케이크를 만들 수 있다. 질 좋은 달걀, 우유, 크림, 사과, 밀가루 등이 주변에 풍부하기 때문이다. 얼룩소 무늬가 있는 이 케이크에는 장 프랑수아가 보여주고자 하는 노르망디의 모든 코드가 집약되어 있다. 모던한 감각의 튜브 모양에 얼룩무늬로 소를 형상화한 이 케이크는 타르트 타탱과 티라미수를 접목한 듯한 디저트다. 이것은 접시에 놓고 포크와 나이프로 먹는다. 첫 한 조각을 입에 넣으면 소젖의 시큼하고 묵직한 맛이 도는 진짜 중의 진짜 크림이 입안을 압도한다. 풍부하고 황홀한 이 맛은 그 어떤 것으로도 대치하기 어렵다. 이어서 시드르용 사과가 새콤하고도 풍성한 자연의 맛을 선사하며 마지막으로 입안에 즐거운 식감을 주는 버터향 가득한 사블레 노르망이 우리를 기다린다. 제대로 된 노르망디를 온전히 맛볼 수 있는 디저트다.

100% 노르망디 15개 분량   조리 시간 : 7분 ● 준비 시간 : 1시간 30분 ● 냉장 시간 : 30시간

재료

사과 마멀레이드
La marmelade de pommes
시드르용 작은 사과* 1kg
설탕(1) 200g
바닐라 빈 1줄기
시드르(애플 사이더) 200g
한천 가루 12g
설탕(2) 20g

크림 La crème
생크림(유지방 35%) 350g
달걀노른자 105g
설탕 195g
물 73g
판 젤라틴 10g
헤비크림(crème épaisse d'Isigny) 350g

사블레 Le sablé
버터 400g
밀가루 1kg
감자 전분 150g
아몬드 가루 150g
소금 25g
달걀노른자 5개

완성하기 Montage et finition
화이트 초콜릿

*pommes à cidre : 작은 크기의 사과로 주로 사과 발효주인 시드르나 칼바도스를 담그는 데 사용되며, 일반 사과보다 탄닌 함량이 높고 신맛이 강하다.

만드는 법

사과 마멀레이드
사과의 껍질을 벗기고 속을 제거한 다음 작게 깍둑 썬다. 팬에 설탕(1)과 바닐라를 넣고 가열하여 캐러멜을 만들고, 시드르를 부어 디글레이즈하며 잘 섞는다. 여기에 사과를 넣고 뚜껑을 닫은 채로 14분 정도 익힌다. 한천 가루와 설탕(2)을 혼합한 다음, 사과 마멀레이드에 넣고 섞는다. 마멀레이드의 온도가 80℃가 되면 지름 30cm, 높이 1cm 의 타르트 링에 얇게 펴놓고 냉장고에 보관한다.

크림
전동 스탠드 믹서 볼에 생크림을 넣고 거품기로 돌려 휘핑한 다음 냉장고에 보관한다. 달걀노른자와 설탕, 물을 소스팬에 넣고 거품기로 저어 흰색이 나도록 혼합한다. 약한 불에 올리고 계속 저어주며 가열한다. 끓으면 미리 찬물에 담갔다 불려 꼭 짠 판 젤라틴을 넣고 잘 섞는다. 헤비크림을 넣고 섞는다. 마지막으로 휘핑한 크림을 넣고 살살 섞은 뒤 냉장고에 보관한다.

사블레
볼에 버터와 밀가루, 감자 전분, 아몬드 가루, 소금을 모두 넣고 모래와 같은 질감이 되도록 혼합한다. 달걀노른자를 넣어주며 잘 섞은 뒤 반죽을 냉장고에 24시간 보관한다. 다음 날 반죽을 길이 10cm, 폭 1cm, 두께 2mm 크기로 밀어 자른 다음, 180℃ 오븐에서 7분간 굽는다.

완성하기
지름 3cm, 길이 10cm 크기의 원통형 튜브에 짤주머니로 크림, 이어서 사과 마멀레이드를 짜 넣고, 마지막으로 사블레 스틱을 넣는다. 냉동실에 6시간 보관한다. 튜브 틀을 제거한 뒤, 화이트 초콜릿으로 얼룩소 무늬를 프린트한 파티스리용 투명 셀로판 띠지(Rhodoïd) 안쪽에 굴려 말아준다. 냉장고에 20분간 넣었다가 꺼내 띠지를 떼어낸다.

L'OPÉRETTE

오페레트 by 마르조리 푸르카드 & 사오리 오도이 <small>MARJORIE FOURCADE ET SAORI ODOI (FOUCADE PARIS)</small>

건강과 맛이라는 두 마리 토끼를 다 잡은 파티스리

파리의 푸카드는 건강을 생각하면서도 맛을 포기할 수 없다는 욕망으로부터 탄생한 파티스리다. 마르조리 푸르카드는 밀가루의 글루텐 소화 능력이 떨어졌고 유당불내증을 갖고 있었다. 하지만 그는 단지 과일이나 시리얼 바 등의 간식으로 만족하지 않고, 기존에 없던 건강하고도 맛있는 파티스리를 만들어냈다. 프랄리네에서 과일 퓌레에 이르기까지 이곳에서는 모든 것이 신선하다. 프랑스의 대표 케이크인 오페라를 푸카드 스타일로 재탄생시킨 오페레트는 바이오다이내믹 농법으로 재배한 카카오를 원료로 한 초콜릿만을 사용한다. 이 케이크를 먹을 땐 층을 절대 분리하거나 해체하지 말고 각각의 레이어를 그대로 한 번에 스푼으로 떠먹을 것을 권한다. 층을 분리하면 어떤 부분은 너무 향이 강하거나, 너무 밍밍하거나 또는 너무 맛이 진할 수도 있기 때문이다. 모든 것이 어우러져 동시에 입에 들어갔을 때 비로소 그 조화로운 맛을 발휘하게 된다. 오페레트는 강한 맛과 순한 달콤함을 동시에 느낄 수 있는 디저트다.

4인분　준비 시간 : 2시간 30분　●　조리 시간 : 24분　●　냉장 시간 : 5시간

재료

초콜릿 크럼블
Le crumble au chocolat
아몬드 가루 44g
현미 쌀가루 30g
비정제 소금 1g
무가당 천연 코코아 가루 12g
라파두라* 비정제 설탕 22g
엑스트라 버진 카놀라유 15g

현미 밀크 15g
크리스피 Le croustillant
초콜릿 크럼블 71g
카카오 70% 커버처 초콜릿 36g
초콜릿 비스퀴
Le biscuit au chocolat
달걀노른자 34g
라파두라 비정제 설탕 16g

달걀흰자 72g
무가당 천연 코코아 가루 7g
초콜릿 샹티이 크림
La chantilly au chocolat
락토프리 생크림 145g(데워서 사용)
카카오 70% 커버처 초콜릿 89g
카카오 100% 커버처 초콜릿 11g
락토프리 생크림 218g(차갑게 보관)

데코레이션 Le décor
카카오 70% 커버처 초콜릿 200g
초콜릿 시럽 Le sirop au chocolat
물 41g
무가당 천연 코코아 가루 6g
라파두라 비정제 설탕 4g

만드는 법

초콜릿 크럼블
볼에 아몬드 가루, 쌀가루, 소금, 코코아 가루, 라파두라 설탕을 넣고 혼합한다. 카놀라유를 넣고 잘 섞은 후, 라이스 밀크를 넣고 재빨리 혼합한다. 혼합물을 조금 덜어내 초콜릿용 폴리에틸렌 비닐시트에 7mm 두께로 펴 놓는다(장식용). 나머지는 유산지 위에 놓고 작은 부스러기처럼 떼어 펼쳐 놓는다(초콜릿 크리스피 베이스로 사용). 160℃ 오븐에서 12~15분간 굽는다. 장식용 초콜릿 크럼블은 쉽게 자를 수 있도록 냉동실에 넣어 굳힌 후 1cm 크기 큐브로 잘라둔다(1인용 사이즈에 4개 필요).

크리스피
초콜릿 크럼블을 분쇄기로 간다. 초콜릿을 녹인 뒤 실리콘 주걱으로 크럼블과 혼합한다. L자 스패츌러로 사각 프레임 틀에 펴 놓는다.

초콜릿 비스퀴
전동 스탠드 믹서 볼에 달걀노른자와 설탕 분량의 반을 넣고 거품기를 돌려 혼합한다. 달걀흰자에 설탕 나머지 반을 넣어가며 거품을 올린 다음 조금 덜어 달걀노른자 설탕 혼합물에 넣고 거품기로 섞는다. 이것을 달걀흰자 믹싱볼에 다시 넣고 실리콘 주걱으로 살살 섞어준다. 코코아 가루를 넣고 혼합한다. 유산지를 깐 베이킹 팬 위에 쏟고 L자 스패츌러로 평평하게 펴 놓는다. 190℃ 오븐에서 10~12분간 굽는다. 망 위에 놓고 식힌다.

초콜릿 샹티이 크림
락토프리 생크림을 소스팬에 넣고 뜨겁게 데운 뒤 커버처 초콜릿에 부어 녹인다. 핸드 블렌더로 갈아 혼합한 다음, 차가운 크림을 넣고 다시 한 번 간다. 최소 5시간 냉장고에 넣어둔다. 14cm×14cm 크기의 정사각형 틀 한 켜당 165g이 필요하다.

데코레이션
초콜릿을 45℃ 온도로 녹인 다음, 29℃로 식힌다. 다시 31~32℃로 온도를 올린 뒤 초콜릿용 폴리에틸렌 비닐에 얇게 펴 놓는다. 1인용 조각 케이크 용으로는 5cm×5cm, 프티 푸르용으로는 3cm×3cm 크기로 자른다. 자른 초콜릿 판 위에 유산지를 덮고, 오븐용 팬으로 눌러놓는다.

초콜릿 시럽
소스팬에 재료를 모두 넣고 끓여 시럽을 만든다.

완성하기
초콜릿용 폴리에틸렌 비닐 위에 14cm×14cm 정사각형 틀을 놓고 L자 스패츌러로 초콜릿 크리스피를 펴 놓는다. 초콜릿 샹티이 크림은 다시 한 번 거품을 올려 무스처럼 만든 다음 165g씩 두 포션을 계량해둔다. 초콜릿 크리스피 위에 초콜릿 샹티이를 조금씩 넣어 깐다. 초콜릿 비스킷을 14cm×14cm 크기로 자른다. 틀에 비스퀴를 한 장 넣고 초콜릿 시럽 25g을 붓으로 발라 적신다. 그 위에 초콜릿 샹티이 165g을 붓고 스패츌러로 평평하게 한다. 두 번째 비스퀴 스펀지를 얹고 같은 과정을 한 번 더 반복한다. 굳을 때까지 냉장고에 보관한다. 칼날을 뜨겁게 달군 뒤, 개인용 사이즈 또는 프티 푸르 사이즈로 조심스럽게 자른다. 1인용 조각 케이크 4개와 프티 푸르용 몇 개가 나온다. 케이크 위에 정사각형으로 잘라 둔 초콜릿 크럼블을 4개씩 올린 후, 얇은 초콜릿에 샹티이를 조금 발라 맨 위에 덮어 붙여 완성한다.

*rapadura : 중남미 국가에서 주로 생산되는 정제되지 않은 원당. 사탕수수 줄기를 압착해 나온 즙액을 끓여 증발 건조시킨 후 추출한 자당으로, 축축한 갈색 또는 단단한 형태이며 감미료나 디저트로 쓰인다.

TARTE CITRON & BASILIC

레몬 바질 타르트 by 자크 제냉 JACQUES GÉNIN

자크 제냉의 파티스리는 패션계의 블랙 리틀 드레스에 비유할 수 있다

파티시에가 되기 전 요리사였던 자크 제냉의 레몬 타르트는 베아르네즈 소스에서 영감을 얻어 만든 것인데 그가 가장 사랑하는 파티스리로, 그의 시그니처 메뉴가 되었다. 바질 향을 우려낸 크렘 앙글레즈와 버터를 혼합해 만드는 이 레몬 타르트는 디저트로서는 독특하게 바질이 사용되었고, 이는 오랜 기간 요리사 경력을 쌓아온 제냉 셰프의 개성을 잘 살려주는 요소다. 그는 이 레시피를 제외한 다른 레몬 타르트는 맛이 무겁고 마치 과일 사탕 같은 신맛이 너무 강해 별로 좋아하지 않는다. 그가 만드는 레몬 타르트의 신맛은 싱싱하고 향기로운 라임의 상큼함을 자랑한다. 여기에 장뇌 향을 띤 허브인 바질을 넣어 새로운 맛의 세계를 열었을 뿐 아니라, 타르트 크림의 묵직함과 답답함을 조금이나마 덜어준다. 한 스푼을 입에 넣으면 맨 처음 레몬의 새콤한 향이 입과 코를 자극하고 이어서 바삭한 타르트 시트의 식감을 느낄 수 있다. 마지막으로 바질 향과 버터크림이 달콤하게 입안을 어루만진다. 갓 만들어져 나온 이 타르트는 더 이상 보고 기다릴 수가 없다. 바삭한 타르트 크러스트를 자르면 크림이 흘러내리며 입맛을 자극한다. 부서지기 쉬운 자크 제냉의 이 디저트는 레몬 타르트가 보여줄 수 있는 가장 완벽한 맛을 선사한다.

10~12인분 준비 시간 : 1시간 30분 ● 조리 시간 : 20분 ● 냉장 시간 : 4시간 30분

재료

타르트 시트 반죽 La pâte
슈거파우더 125g
아몬드 가루 30g
버터(상온) 175g
바닐라 빈 ½줄기

달걀 60g
소금 2g
아주 고운 입자의 밀가루
  (farine de gruau T45*) 310g

바질 레몬크림
La crème citron basilic
바질 20g
달걀 3개
설탕 170g

라임즙 180g(라임 6~8개 정도)
무염 버터 200g
라임 껍질 제스트 3개분

만드는 법

타르트 시트 반죽

전동 스탠드 믹서 볼에 슈거파우더, 아몬드 가루, 깍둑 썬 버터, 길게 갈라 긁은 바닐라 빈을 넣고 플랫비터로 돌린다. 달걀을 넣고 혼합한다. 소금과 밀가루를 넣고 섞는다. 반죽을 꺼내 두 장의 유산지 사이에 넣고 밀대로 눌러 0.5cm 두께로 얇게 밀어준다. 이 상태로 1시간 30분간 냉장고에 넣어둔다.
지름 26cm짜리 타르트 링 안쪽에 버터를 칠한 뒤, 타르트 시트를 깔아준다. 포크로 군데군데 찔러준 다음, 유산지를 놓고 베이킹용 누름돌을 얹어 굽는 동안 부풀어 오르지 않게 한다. 160℃ 오븐에서 16~20분간 굽는다.
*베이킹 팁: 균일한 색을 내며 골고루 구워지도록, 오븐에 넣은 지 13분이 되었을 때 틀을 제거해준다.

바질 레몬크림

바질 잎을 잘게 썰어 소스팬에 넣고, 달걀과 설탕을 넣어 잘 혼합한다. 라임즙을 넣고 약한 불에서 계속 저어주며 가열한다. 크림의 농도가 걸쭉해지고 살짝 끓으려고 하면(완전히 끓기 전에) 재빨리 불에서 내린다. 실리콘 주걱으로 긁어가며 체에 걸러 내린 후, 온도가 45~50℃가 될 때까지 상온에 둔다. 이 온도가 되면 깍둑 썰어 둔 버터를 넣고 핸드 블렌더로 혼합해 에멀전화한다. 완성된 크림을 냉장고에 3시간 동안 넣어둔다. 크림이 포마드 버터와 같은 텍스처가 되면 타르트 안에 채우고 스패출러로 표면을 매끈하게 마무리한다. 타르트 위에 라임 껍질을 갈아 제스트를 뿌린다(Microplane 제스터를 사용하면 빠른 시간에 아주 고운 제스트를 갈아 뿌리기 편리하다). 서빙 전까지 냉장고에 넣어둔다.

*farine de gruau T45 : p. 76 참조.

CARACAJOU

카라카주 by 기욤 질 GUILLAUME GIL (COLOROVA)

오래 고민하지 않아도 된다. 나는 내가 느끼는 대로 케이크를 만들 뿐…

파티스리를 전공한 후 유명 셰프들에게서 트레이닝을 거친 기욤 질은 브런치 등 간단한 식사를 겸할 수 있는 자신만의 업장 **콜로로바**를 열었다. 식당이자 파티스리 부티크이기도 한 매장을 여는 모험을 택한 그는 틀에 박힌 파티스리의 고정관념을 깨기 위해 가짓수는 많지 않지만 그만의 개성을 드러낼 수 있는, 맛에 집중한 케이크류를 날마다 만들어내고 있다. 어떤 것들은 때때로 시각적인 매력이 돋보이는 외형을 갖고 있지만, 이는 의도적으로 만들어진 것이 아니다. 시간이 흐를수록 기욤은 많은 지식을 필요로 하는 것, 복잡한 형태, 장식적인 꾸밈 등과 점점 멀어지게 되었다. "맨 처음 입에 넣으면 어떤가요?" 라는 질문에 그는 "맛있죠! 그 이외는 신경 안 써요."라고 답했다. 여기 소개하는 카라카주 케이크는 캐러멜과 캐슈너트 누가틴, 밀크 초콜릿 크림, 캐러멜 샹티이 무스가 완벽한 조합을 이룬 디저트다. 순식간에 조용히 입안으로 사라진다.

타르틀레트 약 15개 분량 준비 시간 : 3시간 ● 휴지 시간 : 37시간 ● 조리 시간 : 20~27분

재료

파트 쉬크레 La pâte sucrée
버터 125g
설탕 125g
달걀 90g
밀가루 315g
베이킹파우더 3.5g

캐슈너트 캐러멜
Le caramel à la noix de cajou
설탕 100g
옥수수 시럽 50g
생크림 200g
가염 버터 50g
가염 캐슈너트 150g

캐슈너트 누가틴
La nougatine à la noix de cajou
황설탕 150g
옥수수 시럽 150g
버터 150g
캐슈너트 가루 150g

캐슈너트 크림
Le crémeux à la noix de cajou
달걀노른자 50g
설탕 25g
생크림 125g
우유 125g
캐러멜 밀크 커버처 초콜릿
 (Cacao Barry) 150g
판 젤라틴 1장
캐슈너트 가루 50g

캐러멜 무스
La mousse de caramel
옥수수 시럽 40g
설탕 95g
생크림(유지방 35%)(1) 80g
판 젤라틴 1.5장
생크림(유지방 35%)(2) 175g
가염 버터 25g
달걀노른자 40g

글라사주 Le glaçage
옥수수 시럽 50g
설탕 50g
생크림 80g
물 180g
캐러멜 밀크 커버처 초콜릿
 (Cacao Barry) 60g

화이트 커버처 초콜릿
 (Ivoire de Valrhona) 60g
판 젤라틴 1.5장

샹티이 크림 La chantilly
설탕 50g
뜨거운 생크림 250g
바닐라 빈 1줄기
화이트 초콜릿 250g
차가운 생크림 250g

완성하기 Montage et finition
캐러멜
캐슈너트

만드는 법

파트 쉬크레
전동 스탠드 믹서 볼에 상온의 부드러운 버터와 설탕을 넣고 플랫비터로 돌려 혼합한다. 혼합물이 균일한 크림 상태가 되면 달걀을 넣고 혼합한다. 완전히 섞이면 체에 친 밀가루와 베이킹파우더를 넣고 혼합한다. 반죽이 덩어리로 뭉쳐지면 꺼내서 랩으로 잘 싼 뒤 냉장고에 12시간 넣어둔다. 다음 날, 반죽을 얇게 밀어 1인용 타르트 링에 깔아준다. 반죽이 너무 힘이 없어 부서지기 쉽다면, 반죽을 두 장의 유산지 사이에 놓고 밀대로 밀고 그 상태로 냉장고에 20분 정도 놓아 두었다가 꺼내 조심스럽게 유산지를 떼어낸 후 사용하면 훨씬 쉽다. 유산지를 떼어낸 반죽을 타르트 링에 앉힌다. 포크로 군데군데 찔러준 다음, 유산지를 덮고 베이킹용 누름돌을 놓아 굽는 동안 타르트 시트가 부풀어 오르지 않도록 한다. 180℃로 예열한 오븐에 넣고 약 12분간 굽는다.

캐슈너트 캐러멜
소스팬에 설탕과 옥수수 시럽을 넣고 갈색이 날 때까지 중불에서 가열해 캐러멜을 만든다. 캐러멜이 갈색이 나면 뜨겁게 데운 크림과 버터를 넣고 잘 섞은 뒤 계속 가열한다. 캐러멜이 균일한 질감으로 완성되면 체에 거르며 굵직하게 다져놓은 캐슈너트에 부어 섞는다.

캐슈너트 누가틴
소스팬에 설탕과 옥수수 시럽을 넣고 약한 불로 가열한다. 재료가 녹기 시작하면 버터를 3번에 나누어 넣어준다. 균일하게 혼합되면 캐슈너트 가루를 넣고 섞는다. 혼합물을 두 장의 유산지 사이에 놓고 얇게 민다. 180℃ 오븐에서 10~12분간 굽는다. 지름 6cm 원형 커터로 찍어낸다.

CARACAJOU

카라카주 by 기욤 질 GUILLAUME GIL (COLOROVA)

캐슈너트 크림

달걀노른자, 설탕, 생크림, 우유로 크렘 앙글레즈를 만든다. 혼합물이 80℃가 될 때까지 익힌 뒤 잘게 잘라놓은 초콜릿 위에 붓고 녹이며 잘 섞는다. 여기에 찬물에 미리 불려 꼭 짠 젤라틴과 캐슈너트 가루를 넣어 섞고 핸드 블렌더로 갈아준다. 용기에 옮겨 담아 냉장고에 보관한다.

캐러멜 무스

소스팬에 설탕 55g과 옥수수 시럽을 넣고 갈색이 날 때까지 중불로 가열하여 캐러멜을 만든다. 뜨거운 생크림(1)을 넣고 잘 섞는다. 주의! 이때 반드시 미리 뜨겁게 데운 크림을 사용해야 열 쇼크로 인해 캐러멜이 튀는 위험을 막을 수 있다. 온도가 25~30℃로 식으면 버터를 넣어 잘 섞은 후, 찬물에 불려 꼭 짠 젤라틴을 넣어준다.
생크림(2)을 전동 거품기로 돌려 휘핑한다. 너무 단단한 상태가 아닌 거품이 생길 정도의 무스 같은 질감이 되어야 한다.
남은 설탕을 소스팬에 넣고 설탕을 적실 만큼만 물을 넣는다. 120℃가 될 때까지 끓인 다음 거품기로 잘 저어주며 시럽을 달걀노른자에 부어 섞는다. 흰색을 띨 때까지 잘 저은 후, 위의 혼합물들과 섞는다. 모두 합한 혼합물이 굳기 전에 재빨리 지름 6cm짜리 원반형 틀에 채우고 냉동실에 넣어 12시간 보관한다.

글라사주

옥수수 시럽과 설탕을 끓여 갈색의 캐러멜을 만든다. 뜨거운 생크림과 뜨거운 물을 넣고 잘 섞는다. 균일하게 혼합되면 여기에 두 종류의 초콜릿을 모두 넣고 가열한다. 양이 반으로 줄면 찬물에 불려 꼭 짠 젤라틴을 넣고 잘 섞는다.

샹티이 크림

소스팬에 설탕을 넣고 녹여 캐러멜을 만든다. 뜨거운 생크림을 넣어 섞은 다음, 길게 갈라 긁은 바닐라 빈을 넣어준다. 랩을 씌운 뒤 냉장고에 하룻밤 넣어둔다. 다음 날 혼합물을 데운 다음 차가운 생크림을 넣고 섞는다. 다시 냉장고에 하룻밤 보관한 다음, 거품기로 휘핑해 샹티이 크림을 만든다.

완성하기

타르트 시트 바닥에 캐슈너트 캐러멜을 채워 넣는다. 짤주머니에 4mm 원형 깍지를 끼우고 캐슈너트 크림을 채운다. 타르트 위에 달팽이 모양으로 크림을 짜 넣은 다음 그 위에 원형으로 잘라 놓은 누가틴을 조심스럽게 올린다. 냉동실에서 원반형 캐러멜 무스를 꺼내, 미리 중탕으로 녹여둔 캐러멜 글라사주를 씌운다. 원반 무스를 누가틴 위에 얹는다. 캐러멜 샹티이 크림을 전동 스탠드 믹서 볼에 넣고 플랫비터로 돌리거나, 손 거품기로 저어 휘핑한다. 지름 2cm 원형 깍지를 끼운 짤주머니에 넣고 타르트 위에 둥글게 위로 올리며 짜준다. 캐슈너트 몇 개와 캐러멜로 장식한다.

CHOUQUETTES À LA VANILLE

바닐라 슈케트 by 스테판 글라시에 STÉPHANE GLACIER

통통하고 맛있는 슈, '슈케트'

프랑스 최고의 명장 타이틀(MOF)을 거머쥔 파티시에라고 해서 언제나 화려하고 빛나는 케이크만 만드는 것은 아니다. 미용사인 아버지를 둔 스테판 글라시에는 우연한 기회에 파티스리에 매료되어 결국 그 길을 자신의 업으로 삼았다. 한 도매업자 친구를 따라가 설탕 공예 시범을 보고는 완전히 반해 이 분야로 뛰어든 것이다. 미국에서 피에르 에르메, 자크 토레스의 셰프 파티시에로 경험을 쌓은 그는 프랑스로 돌아온 후 자신의 파티스리를 오픈했다. 전통 파티스리를 사랑하는 그는 '슈(본인이 느끼기에 이것은 가장 만들기 어려운 반죽이다)'를 본연의 모습 그대로 만들어 자신의 시그니처 디저트로 내놓았다. 이것은 단순한 슈가 아니라 슈크림이다. 단단한 슈 반죽을 만들어 컨벡션 오븐에 잘 부풀게 구워 낸 다음, 크림을 가득(슈 한 개당 무려 100g) 채워 넣는 것이다. 접시에 서빙하여 포크와 나이프로 먹는다. 보통 속이 빈 전통식 슈케트는 손으로 집어 먹는다.

슈 12개 분량 준비 시간 : 1시간 ● 조리 시간 : 25분 ● 냉장 시간 : 6시간

재료

슈 페이스트리 La pâte à choux
물 375g
우유 125g
소금 5g
설탕 15g
버터 200g
밀가루(중력분 T55*, T65**) 300g
달걀 500g
우박설탕 적당량

크렘 파티시에
La crème pâtissière
우유 400g
바닐라 빈 ½줄기
설탕 100g
달걀노른자 90g
커스터드 분말 30g
버터 30g

크렘 샹티이 La crème chantilly
생크림(유지방 35%) 375g
바닐라 빈 1줄기
설탕 50g

크렘 디플로마트
La crème diplomate vanille
크렘 파티시에 600g
크렘 샹티이 425g

완성하기 Montage et finition
슈거파우더 적당량

만드는 법

슈 페이스트리
소스팬에 물, 우유, 소금, 설탕과 버터를 넣고 가열한다. 끓으면 불에서 내린 후, 미리 체에 쳐둔 밀가루를 넣고 잘 저어 섞는다. 다시 약한 불에 올리고 저어가며 반죽이 소스팬 벽에 붙지 않고 떨어질 때까지 수분을 날리며 익힌다. 전동 스탠드 믹서 볼에 내용물을 쏟아 넣고 플랫비터로 돌리면서 달걀을 하나씩 넣어준다. 잘 혼합된 반죽을 짤주머니에 넣고(원형 또는 별 모양 깍지) 유산지를 깐 베이킹 팬 위에 동그랗게 짜 놓는다. 우박설탕 알갱이를 고루 뿌린다. 160℃ 오븐에서 25분간 굽는다. 오븐에서 꺼낸 뒤 망에 올려 식힌다.

크렘 파티시에
소스팬에 우유와 바닐라 빈, 설탕 분량의 반을 넣고 끓인다. 볼에 달걀노른자와 나머지 반의 설탕을 넣고 흰색이 날 때까지 잘 저어 혼합한다. 여기에 커스터드 분말을 넣고 거품기로 잘 섞는다. 끓는 우유를 1/3 정도 붓고 잘 섞은 다음, 이것을 다시 소스팬에 넣어 나머지 우유와 혼합한 뒤 계속 저으며 끓인다. 끓기 시작한 지 2분이 지난 다음, 버터를 넣고 잘 섞는다. 넓적한 그라탱 용기에 쏟고 랩을 표면에 밀착시켜 씌운 후 냉장고에 보관한다.

크렘 샹티이
냄비에 생크림 분량의 1/3과 길게 갈라 긁은 바닐라 빈, 설탕을 넣고 끓인다. 불을 끄고 나머지 생크림을 넣는다. 냉장고에 하룻밤 보관한다. 다음날 바닐라 빈 줄기를 건진 다음, 전동 스탠드 믹서 볼에 넣고 거품기로 휘핑하여 크렘 샹티이를 만든다.

크렘 디플로마트
볼에 크렘 파티시에를 넣고 거품기로 저어 매끄럽게 풀어준다. 크렘 샹티이를 넣고 실리콘 주걱으로 조심스럽게 살살 돌리며 섞는다.

완성하기
슈케트가 식으면 바닥에 구멍을 뚫는다. 8mm 원형 깍지를 끼운 짤주머니에 크렘 디플로마트를 채운 다음 슈케트 안에 짜 넣는다. 슈거파우더를 뿌린다.

*farine T55 : p. 14 참조.
**farine T65 : 프랑스 밀가루T65는 캉파뉴 빵이나 전통 바게트 등의 빵을 만들 때 주로 사용하는 흰 밀가루로 회분 함량은 0.62~0.75%이다. 글루텐을 생성하는 단백질 함량은 한국의 강력분 밀가루보다 낮은 12.8% 정도로 중력분에 더 가깝다. 참고로 강력분의 단백질 함량은 13% 이상이다. 일반적인 빵 밀가루의 단백질 함량은 11~13%가 적당하다.

TARTELETTE NOISETTE

헤이즐넛 타르틀레트 by 세드릭 그롤레 CÉDRIC GROLET (LE MEURICE)

재능을 넘어 감동을 주는 이 시대 최고의 파티시에

세드릭 그롤레는 무한한 상상력을 발휘하는 파티시에다. 뛰어난 재능은 물론이고 지칠 줄 모르는 열정과 집중력을 가진 그는 마치 조각처럼 아름답게 재단한 과일 디저트로 유명하다. 가을이 오면 헤이즐넛이 나무에서 떨어질 뿐 아니라, 그의 손끝에서도 탄생한다. 그 자신도 가장 아름다운 성공작이라 꼽는 헤이즐넛 타르트 '누아제트'는 그만의 개성이 뚜렷하고, 기존에 본 적이 없는 독특한 모양을 하고 있다. 마치 초콜릿처럼 줄무늬 홈을 판 이 디저트는 세드릭 그롤레의 명성을 알린 대표작이다. 먹는 방법은, 우선 위에서부터 세로로 4등분한다. 그리고 한쪽을 입안에 넣는다. 맨 처음 바삭한 파트 쉬크레를 씹으면 이어서 헤이즐넛 프랄리네가 흘러나온다. 플뢰르 드 셀의 짭조름함이 스치는 듯 다가오고, 껍질째 만든 헤이즐넛 크림을 채운 파트 쉬크레에서 스며나오는 고소한 너트의 로스팅한 풍미가 입안에 오래 남는다. 전체적으로 강렬하고 그 어떤 것과도 비교할 수 없는 독보적인 이 타르트는 크리스마스용 뷔슈 드 노엘로, 프랄리네로 무장한 헤이즐넛 갈레트로 응용되어 선보이기도 한다. 앞으로도 오래도록 꾸준히 사랑받을 디저트임에 틀림없다.

타르틀레트 10개 분량 준비 시간 : 3시간 ● 조리 시간 : 20분 ● 냉장 시간 : 16시간

재료

파트 쉬크레 La pâte sucrée
버터 75g
슈거파우더 50g
아몬드 가루 15g
소금(sel de Guérande) 1꼬집
바닐라 가루 1꼬집
달걀 30g
밀가루(다목적용 중력분 T55*) 125g

헤이즐넛 크림
La crème noisette
버터 75g
설탕 75g
헤이즐넛 간 것 90g
달걀 75g
굵직하게 다진 헤이즐넛 10g

헤이즐넛 가나슈
La ganache montée noisette
물에 적셔 불린 젤라틴 가루** 17g
우유 125g
로스팅한 헤이즐넛 40g
화이트 커버처 초콜릿 50g
헤이즐넛 페이스트 80g
생크림 215g

크리미 캐러멜 스프레드
Le caramel onctueux
생크림 20g
우유 50g
옥수수 시럽(1) 50g
바닐라 빈 1줄기
소금(fleur de sel) 2g
설탕 95g
옥수수 시럽(2) 105g
버터 70g

헤이즐넛 프랄리네
Le praliné noisette
설탕 200g
물 60g
헤이즐넛 300g
고운 소금 2g

캐러멜 인서트*(한 개당 12g)**
L'insert caramel
크리미 캐러멜 스프레드 115g
우유 15g
반구형으로 굳힌 헤이즐넛
프랄리네

밀크 초콜릿 코팅(한 개당 10g)
L'enrobage lait
카카오버터 100g
밀크 커버처 초콜릿 100g

완성하기 Montage et finition
식용 골드 파우더 적당량

*farine T55 : p. 14 참조.
**masse de gélatine: 일반적으로 젤라틴 가루를 5배 분량의 물에 개어 푼 것.
***insert: 타르트나 케이크 안에 삽입해 넣는 내용물을 뜻한다. 모양에 따라 층, 켜를 구성하거나, 반구형, 구형 등 다양한 충전물을 넣을 수 있다.

TARTELETTE NOISETTE

헤이즐넛 타르틀레트 by 세드릭 그롤레 | CÉDRIC GROLET (LE MEURICE)

만드는 법

파트 쉬크레

전동 스탠드 믹서 볼에 버터, 슈거파우더, 아몬드 가루, 소금, 바닐라 가루를 넣고 플랫비터를 돌려 혼합한다. 달걀을 넣고 완전히 혼합한 다음 밀가루를 넣어 섞는다. 반죽을 덜어내 랩으로 씌워 냉장고에 1시간 넣어둔다. 반죽을 2mm 두께로 얇게 민다. 지름 5cm, 높이 2cm 크기의 타르트 링에 버터를 바른 다음 반죽을 깔고 서늘한 곳에 한나절 두어 크러스트를 건조시킨다. 타르트 시트 위에 유산지를 깔고 베이킹용 누름돌을 놓아 굽는 동안 부풀어 오르지 않도록 한 다음, 160℃ 오븐에서 12~16분 굽는다.

헤이즐넛 크림

전동 스탠드 믹서 볼에 버터, 설탕, 헤이즐넛 간 것을 넣고 플랫비터로 돌려 섞어준다. 달걀을 조금씩 넣어가며 혼합한다. 짤주머니에 넣고 미리 구워둔 타르트 크러스트에 한 개당 8g씩 채워 넣는다. 로스팅한 헤이즐넛을 굵게 다져 뿌린 후 170℃ 오븐에 넣어 6~8분간 굽는다.

헤이즐넛 가나슈

젤라틴 가루를 찬물에 적셔 불린다. 우유를 데우고 로스팅한 헤이즐넛을 넣어 핸드 블렌더로 간 다음 그대로 20분간 두어 향이 우러나게 한다. 헤이즐넛 향이 우러난 우유를 체에 거르고 다시 계량한 다음 데운다. 녹인 화이트 초콜릿에 따뜻한 우유를 넣고 잘 혼합해 에멀전화한 다음, 불려둔 젤라틴을 넣고 핸드 블렌더로 간다. 헤이즐넛 페이스트, 생크림을 순서대로 넣고 다시 갈아준다. 냉장고에 최소 12시간 넣어둔다.

크리미 캐러멜 스프레드

소스팬에 생크림, 우유, 옥수수 시럽(1), 바닐라, 소금을 넣고 데운다. 다른 소스팬에 설탕과 옥수수 시럽(2)을 넣고 185℃까지 끓여 캐러멜을 만든 후, 뜨거운 크림 혼합물을 부어 잘 섞는다. 다시 105℃가 될 때까지 끓인 다음 체에 거른다. 이 캐러멜의 온도가 70℃까지 떨어지면 버터를 넣고 핸드 블렌더로 갈아 혼합한다.

헤이즐넛 프랄리네

설탕과 물을 110℃까지 끓여 시럽을 만든다. 살짝 로스팅한 헤이즐넛을 넣고 바닥이 타지 않도록 주걱으로 계속 저어준다. 설탕이 결정화되면서 모래와 같은 질감이 된다. 짙은 캐러멜 색이 날 때까지 계속해서 저어 섞으며 가열한다. 소금을 넣고 섞은 뒤 실리콘 패드에 혼합물을 쏟아놓고 식힌다. 완전히 식으면 푸드 프로세서에 넣고 거칠게 분쇄해 크런치한 질감의 프랄리네를 만든다. 지름 2.5cm 크기의 반구형 틀에 한 개당 8g의 프랄리네를 채워 넣은 뒤 냉동실에 넣어 굳힌다.

*유용한 팁 : 프랄리네를 직접 만들기 어려울 때에는 Valrhona의 프랄리네를 사용해도 좋다.

캐러멜 인서트

크리미 캐러멜 스프레드와 우유를 혼합한다. 지름 4cm 크기의 반구형 틀에 한 개당 12g씩 채워 넣고 작은 반구형으로 굳힌 헤이즐넛 프랄리네를 하나씩 넣은 뒤 냉동실에 넣는다.

밀크 초콜릿 코팅

재료를 모두 녹인 뒤 블렌더로 갈아준다.

완성하기

헤이즐넛 가나슈를 거품기로 돌려 무스 질감으로 가볍게 만든 다음, 지름 4.5cm 크기의 반구형 틀에 채운다. 여기에 캐러멜 인서트를 넣고 표면을 매끈하게 정리한다. 급속 냉동시켜 가나슈를 굳힌다. 남은 헤이즐넛 가나슈는 냉장고에 보관한다. 굳은 반구형 가나슈를 틀에서 분리한 다음, 나머지 가나슈를 덧붙여 윗부분을 뾰족하게 만든다. 밀크 초콜릿 코팅을 45~50℃ 온도로 데운다. 뾰족하게 만든 가나슈를 나무꼬치로 찔러 들고 초콜릿에 담가 코팅한 다음 곧이어 메탈 브러시로 살살 긁어 표면에 빗자국을 내준다. 식용 골드 파우더 색소를 뿌리고 버터나 기름을 칠한 폴리에틸렌 비닐 위에 놓는다. 미리 구워낸 헤이즐넛 크림을 채워 둔 타르트 베이스 위에 크리미 캐러멜 스프레드를 발라 얹고 표면을 매끈하게 해준다. 그 위에 뾰족한 반구형 가나슈를 얹고 부순 헤이즐넛을 빙 둘러 뿌려 붙인다.

PARIS-BREST

파리 브레스트 by 올리비에 오스트라트 OLIVIER HAUSTRAETE (BOULANGERIE BO)

나의 파리 브레스트는 먹으며 코에 묻혀도 즐거워요

올리비에 오스트라트는 프랑스 파티스리에 일본 터치를 가미하는 스타일로 명성이 높은 파티시에지만, 파리 브레스트를 비롯한 프랑스의 클래식 디저트에 대한 사랑 또한 매우 깊다. 그가 만든 파리 브레스트는 기존의 바퀴 모양 또는 작은 슈를 왕관 모양으로 만든 것과는 달리 아주 큰 사이즈의 슈를 사용한다. 왜냐하면 그가 생각하는 케이크를 가장 맛있게 즐기는 방법이란 한 입을 풍성하게 베어 물어 코에까지 묻혀가며 먹는 것이기 때문이다. 슈 안에 120g의 매끈한 프랄리네 무슬린 크림을 채우고, 중앙에 넉넉한 크기의 프랄리네를 박아 넣어 크런치한 식감과 풍부한 맛을 살렸다. 이 파리 브레스트를 먹을 때 포크와 나이프는 굳이 필요 없다. 길에서, 공원에서, 심지어 부티크에서조차도 부담 없이 손으로 들고 먹는 이 디저트는 먹는 순간 기쁨 그 자체이다.

1인용 슈크림 10개 분량 준비 시간 : 1시간 30분 ● 휴지 시간 : 1시간 ● 조리 시간 : 30분

재료

아몬드 크런치 소보로
Le craquelin amande
밀가루(다목적용 중력분 T55*) 75g
비정제 황설탕 75g
아몬드 가루 75g
버터 75g
고운 소금 1g

슈 페이스트리 La pâte à choux
밀가루(T45**) 99g
물 181g
설탕 4g
고운 소금 4g
버터 (beurre exta-fin) 81g
신선한 달걀 181g

크렘 무슬린 프랄리네
La crème mousseline praliné
크렘 파티시에
La crème pâtissière
우유 184g
입자가 굵은 크리스탈 설탕 91g
신선한 달걀노른자 45g
커스터드 분말 16g
버터크림 La crème au beurre
입자가 굵은 크리스탈 설탕 160g

물 적당량
신선한 달걀노른자 80g
버터 (beurre exta-fin) 320g
아몬드 헤이즐넛 프랄리네 150g
　(Valrhona의 프랄리네 제품을 사용해도 좋다.)

완성하기 Montage et finition
아몬드 헤이즐넛 프랄리네

만드는 법

아몬드 크런치 소보로
가루 재료를 모두 체에 친다. 상온에 두어 부드러워진 버터를 넣고 균일하게 잘 혼합한다. 혼합물을 두 장의 유산지 사이에 넣고 밀대로 민 다음 냉장고에 1시간 넣어둔다. 지름 7cm 원형 커터로 잘라낸 다음 사용 전까지 다시 냉장고에 넣어둔다.

슈 페이스트리
밀가루를 체에 친다. 소스팬에 물, 설탕, 소금, 버터를 넣고 끓인다. 끓으면 불에서 내려 밀가루를 넣고 주걱으로 세게 저어 섞는다. 다시 약한 불에 올린 다음 계속 저어주며 혼합물이 냄비와 주걱에 달라붙지 않을 때까지 익힌다. 약 2~3분간 잘 저으며 수분을 날린다. 반죽을 전동 스탠드 믹서 볼에 옮긴 다음 달걀을 조금씩 넣어주며 플랫비터로 돌려 혼합한다. 원형 깍지(18mm)를 끼운 짤주머니에 채워 넣고, 실리콘 패드나 유산지를 깐 베이킹 팬 위에 지름 6cm의 둥근 돔 모양으로 슈 반죽을 짜 놓는다. 그 위에 아몬드 크런치 소보로를 한 장씩 얹어준다. 오븐을 230℃로 예열한다. 슈를 오븐에 넣고 1분간 구운 후 오븐을 끈다. 그 상태로 6~7분간 두어 슈 페이스트리가 부풀도록 한다. 다시 오븐을 180℃로 켠다. 슈가 노릇한 색을 띠게 되면 오븐 문을 10초간 열어 습기가 빠지게 한다. 다시 오븐 문을 닫고 슈가 완전히 익도록 굽는다(30분 정도 소요).

크렘 무슬린 프랄리네
크렘 파티시에
소스팬에 우유와 설탕 분량 1/3을 넣고 데운다. 볼에 달걀노른자와 커스터드 분말, 나머지 설탕을 넣고 잘 섞는다. 우유가 끓으면 여기에 반 정도 부어 잘 개어 섞은 뒤, 다시 소스팬으로 혼합물을 옮겨 붓고 가열한다. 거품기로 계속 세게 저어주며 약 5분간 끓인다. 밀폐용기에 담고 랩으로 밀착시켜 덮어 보관한다.

버터크림
소스팬에 설탕을 넣고 설탕을 적실 만큼의 물을 넣은 다음 121℃까지 가열해 시럽을 만든다. 온도가 110℃에 도달했을 때 달걀노른자를 전동 믹서 볼에 넣고 거품기로 돌려 풀어준다. 거품기를 중간 속도로 돌리면서 121℃에 도달한 시럽을 아주 조금씩 흘려 넣는다. 속도를 최대로 올려 돌리면서 혼합물을 식힌다. 상온에 두어 포마드 상태로 부드러워진 버터를 조금씩 넣어주며 균일하게 혼합한다. 버터크림이 식으면 미리 매끄럽게 풀어 놓은 크렘 파티시에와 프랄리네를 넣고 섞는다. 사용하기 직전에 잘 혼합해 에멀전화한다.

완성하기
구워낸 슈의 중간에서 조금 윗부분을 가로로 자른 다음 망 위에 얹어 놓는다. 슈 안에 크렘 무슬린 프랄리네를 채워 넣고 중앙에 아몬드 헤이즐넛 프랄리네(슈 한 개당 5g)를 넣는다. 별 모양 각지를 끼운 짤주머니로 크렘 무슬린 프랄리네를 가장자리에 둘러 짜 얹는다. 잘라 놓은 슈 뚜껑은 원형 커터로 모양을 내 자르고 슈거파우더를 뿌린 다음 파리 브레스트 맨 위에 덮어준다. 냉장고에 몇 분간 넣었다가 서빙한다.

*farine T55 : p. 14 참조
**farine T45 : p. 22 참조

LA CERISE SUR LE GÂTEAU

체리를 얹은 초콜릿 케이크 by 피에르 에르메 PIERRE HERMÉ

타고난 식도락가이며 놀라운 재능을 지닌 최고의 파티시에

그가 살던 집 아래층엔 아버지의 빵 가게가 있었다. 그는 장래의 직업으로 파티스리 일 이외에 그 어떤 다른 것도 전혀 상상해본 적이 없다. 14세에 르노트르에서 견습을 시작한 그는 파티스리계의 거장 가스통 르노트르가 지켜보는 앞에서 크레프를 제대로 못 만들까 봐 극도의 긴장으로 얼어붙은 적도 있었지만, 끊임없는 노력을 통해 발전해 나갔다. 파티스리를 만들면서 그는 이것을 일이라 생각하는 대신 자신에게 주어진 진정한 행운이자 기회라고 느꼈다. 1992년에 처음 만들어낸 이 디저트는 그의 첫 번째 '건축가' 스타일 케이크다. 아일랜드 출신 디자이너인 얀 페너스(Yan Pennor's)의 독특한 아이디어를 기반으로 만든 '체리를 얹은 케이크'는 파티시에로서는 전혀 상상할 수 없는 특이한 형태를 보여준다. 피에르 에르메는 당시 첫선을 보인 발로나의 지바라(Jivara) 밀크 초콜릿을 사용했으며, 이것과 완벽한 조합을 이루는 헤이즐넛은 그 자체로 빛나는 존재감을 보여주었다. 이 놀라운 디저트의 레시피는 23년간 변함없이 이어지고 있다.

6인분 준비 시간 : 5시간 ● 조리 시간 : 45분 ● 냉장 시간 : 약 16시간

재료

헤이즐넛 다쿠아즈 비스퀴
Le biscuit dacquoise aux
noisettes
피에몬테산 헤이즐넛 40g
슈거파우더 75g
헤이즐넛 가루 65g
달걀흰자 75g
설탕 25g

프랄리네 푀유테
Le praliné feuilleté
무염 버터 10g
크리스피 크레프 과자
 (gavotte) 50g
밀크 커버처 초콜릿
 (Jivara de Valrhona 40%) 25g
헤이즐넛 프랄리네(헤이즐넛 60%)
100g

밀크 초콜릿 가나슈
La ganache au chocolat au lait
밀크 커버처 초콜릿
 (Jivara de Valrhona) 250g

생크림(유지방 35%) 230ml

밀크 초콜릿 디스크
Les disques de chocolat au lait
밀크 커버처 초콜릿
 (Jivara de Valrhona) 200g

밀크 초콜릿 샹티이 크림
La chantilly au chocolat au lait
밀크 커버처 초콜릿
 (Jivara de Valrhona) 210g
생크림(유지방 35%) 300ml

케이크 레이어링 베이스
Montage de la base de la
Cerise sur le Gâteau
아주 차가운 밀크 초콜릿
샹티이 크림
헤이즐넛 다쿠아즈 비스퀴
헤이즐넛 프랄리네 푀유테
밀크 초콜릿 얇은 디스크
밀크 초콜릿 가나슈

밀크 초콜릿 셸
La coque de chocolat au lait
'Cerise sur le Gâteau' 전용
실리콘 틀(Yan Pennor's)
밀크 커버처 초콜릿
 (Jivara de Valrhona) 400g

케이크 조립하기 Montage
레이어링 베이스 각 6인분
아주 차가운 밀크 초콜릿
샹티이 크림
밀크 초콜릿 셸

아몬드 퐁당 체리 코팅
Le fondant amande pour la
cerise
아몬드 페이스트(아몬드 22%) 10g
퐁당 슈거 20g
식용 색소(달걀노른자 색) 몇 방울

붉은색 사탕 코팅
Le sucre cuit rouge
설탕 150g
물 50ml
식용 색소(붉은색) 적당량

붉은색 사탕을 씌운 체리
La cerise en sucre rouge
오드비(eau-de-vie)에 담근 체리
(꼭지 달린 것) 한 알
감자 전분 10g
체리 코팅용 아몬드 퐁당 10g
붉은색 사탕 코팅

완성하기 Finition
식용 골드 파우더
붉은색 사탕을 씌운 체리

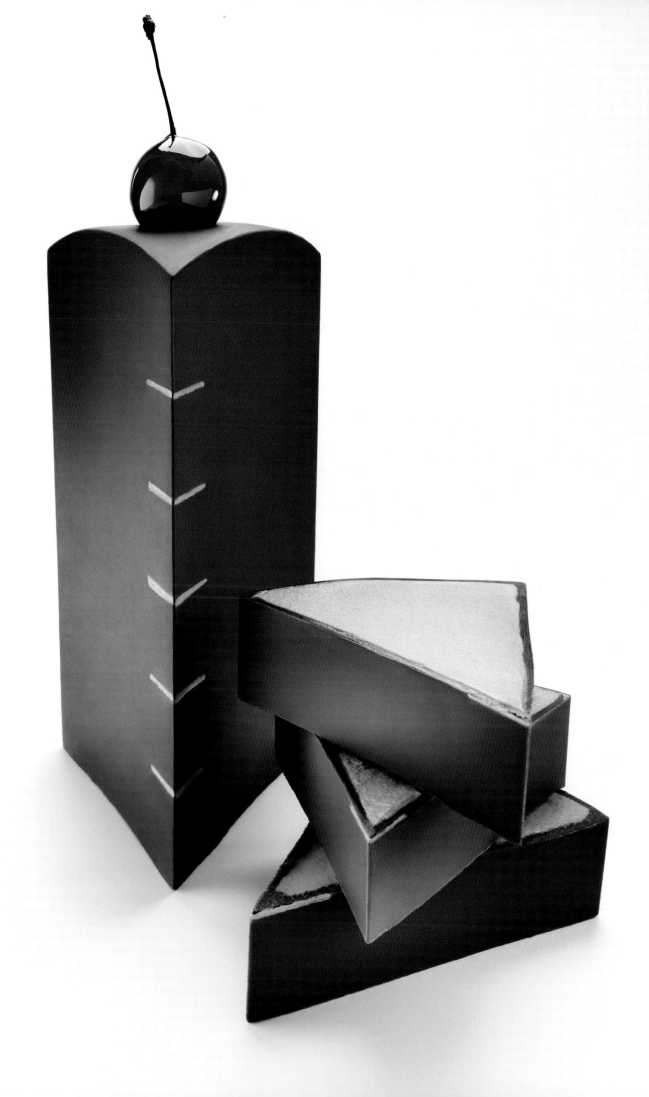

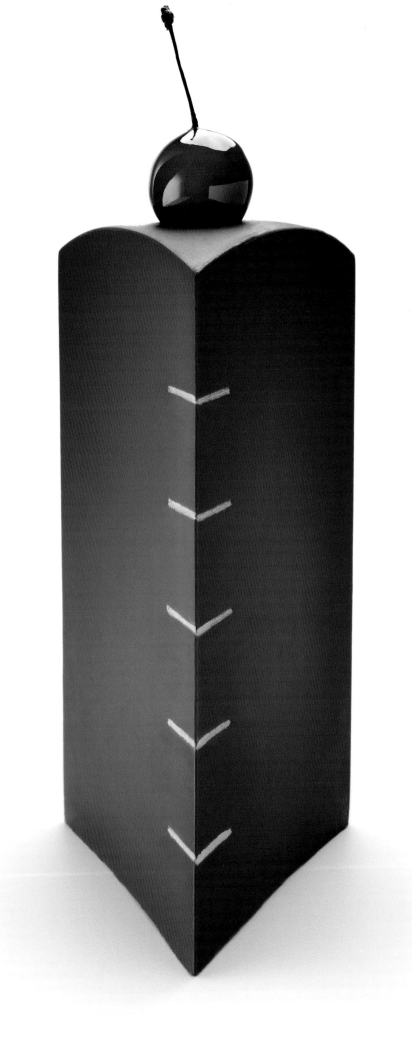

LA CERISE SUR LE GÂTEAU

체리를 얹은 초콜릿 케이크 by 피에르 에르메 PIERRE HERMÉ

만드는 법

헤이즐넛 다쿠아즈 비스퀴

헤이즐넛을 베이킹 팬에 펼쳐 놓고 160℃로 예열한 컨벡션 오븐에 넣어 15분간 로스팅한다. 껍질을 벗기고 굵직하게 다진다. 실리콘 페이퍼(테프론 시트) 위에 연필로 지름 19cm 크기의 원을 그린 다음 베이킹 팬에 뒤집어 놓는다. 슈거파우더와 헤이즐넛 가루를 섞어서 체에 친다. 전동 스탠드 믹서 볼에 달걀흰자를 넣고 색이 불투명해질 때까지 거품을 올린다. 여기에 설탕을 조금씩 넣어가며 계속 거품기를 돌려, 들어 올렸을 때 끝이 뾰족한 모양을 띠도록 단단하고 윤기 나는 머랭을 만든다. 믹서기의 볼을 꺼낸다. 헤이즐넛 가루와 슈거파우더 섞은 것을 거품 낸 흰자에 넣고 실리콘 주걱으로 섞는다. 혼합물을 한 스푼씩 떠서 베이킹 팬 네 귀퉁이에 발라 실리콘 페이퍼를 붙여 고정시킨다. 혼합물을 짤주머니(12mm 원형 깍지)에 넣고, 실리콘 페이퍼에 그려 놓은 원 안에 달팽이 모양으로 짜놓는다. 다쿠아즈 표면에 굵게 다진 헤이즐넛을 골고루 뿌린 후, 165℃로 예열한 오븐에 넣고 노르스름한 구운 갈색이 나고 만졌을 때 굳은 느낌이 들 때까지 약 30~35분간 굽는다. 오븐에서 꺼낸 다음 다쿠아즈를 실리콘 페이퍼와 함께 그대로 망 위에 끌어 올려 상온에서 식힌다.

프랄린 푀유테

소스팬에 버터를 넣고 약불로 가열해 버터가 분리되지 않도록 녹인 다음 식힌다. 파삭한 가보트 크리스피 과자를 잘게 부순다. 초콜릿을 중탕으로 35~40℃로 녹인다. 그릇에 프랄리네를 넣고 녹인 초콜릿을 부은 다음 주걱으로 천천히 돌려가며 섞는다. 잘게 부순 크리스피 과자를 넣고 조심스럽게 섞고, 이어서 녹인 버터를 넣어 골고루 잘 혼합한다. 만들어서 즉시 사용한다.

밀크 초콜릿 가나슈

초콜릿을 잘게 다진다. 소스팬에 생크림을 끓인다. 끓으면 불에서 내리고 초콜릿에 네 번에 나누어 넣으며 주걱으로 계속 저어 매끈하게 혼합한다. 넓적한 그라탱 용기에 넣고 랩으로 밀착시켜 덮은 뒤 냉장고에 최소 4시간 이상 넣어둔다.

밀크 초콜릿 디스크

밀크 초콜릿을 중탕으로 50℃가 되도록 녹여 템퍼링한다. 베이킹 팬에 폴리에틸렌 투명 시트를 깔고 실리콘 주걱을 사용하여 초콜릿을 얇게 펴 놓는다. 초콜릿이 굳기 시작하면 바로 지름 18cm 원형으로 한 장을 잘라낸다. 테프론 시트를 덮어 냉장고에 넣어둔다.

밀크 초콜릿 샹티이 크림

초콜릿을 잘게 다진다. 소스팬에 생크림을 끓인 다음 불에서 내리고, 초콜릿에 세 번에 나누어 부으며 거품기로 매끈하게 섞어준다. 밀크 초콜릿 크림을 넓적한 그라탱 용기에 넣고 랩으로 밀착되게 덮은 뒤 냉장고에 12시간 동안 넣어둔다. 2~4℃ 온도를 유지해야 다시 거품기로 돌려 휘핑할 때 쉽게 분리되지 않는다. 1분 정도 휘핑하면 알맞은 텍스처의 샹티이를 만들 수 있다.

케이크 레이어링 베이스

볼에 밀크 초콜릿 크림을 넣고 거품기를 돌려 휘핑해 샹티이 크림을 만든다. 스텐 베이킹 팬에 실리콘 페이퍼를 깐 다음 지름 18cm, 높이 3cm 크기의 무스 링을 놓고, 다쿠아즈 비스퀴를 깐다. 그 위에 프랄리네 푀유테 100g을 스패츌러를 사용하여 얇게 펴 바른다. 얇게 굳힌 밀크 초콜릿 디스크를 얹은 다음, 가나슈 110g을 펴놓고 두 번째 밀크 초콜릿 디스크를 올려 덮어준다.

그 상태로 냉장고에 15~20분 넣어둔다. 꺼내서 샹티이 크림을 무스 링 높이 끝까지 채우고 표면을 매끈하게 한 다음 급속 냉동시킨다. 반 정도 냉

동되었을 때 무스 링을 제거하고 케이크를 6등분으로 자른다. 랩으로 덮어 냉동실에 넣어둔다.

밀크 초콜릿 셸

전용 틀을 준비하여 면포로 깨끗이 닦고 18~20℃ 상태에서 사용한다. 초콜릿을 잘게 썰어 볼에 넣고 중탕으로 녹인다. 잘 저어 섞고 온도가 45~50℃에 이르면 바로 중탕 냄비에서 볼을 내려 얼음 5개를 넣은 찬물에 담근다. 녹은 초콜릿이 굳지 않도록 중간중간 잘 저어준다. 온도가 26~27℃까지 식으면 다시 볼을 중탕 냄비에 올려 데우고, 29~30℃가 되면 바로 국자로 떠서 틀에 가득 채운다. 톡톡 두드려 공기방울 없이 전체적으로 매끈하게 잘 묻게 한다. 틀을 뒤집어 초콜릿 볼 위에 놓고 틀 벽에 묻고 남은 잉여분을 덜어낸다. 베이킹 팬에 실리콘 페이퍼를 깔고 망을 올려놓은 다음, 그 위에 틀을 놓아 여유분의 초콜릿이 흘러나오도록 한다. 초콜릿이 굳기 시작하면 스패츌러로 가장자리에 흘러나온 초콜릿을 깔끔하게 정리한다. 초콜릿 셸의 두께는 2mm 정도가 가장 이상적이다. 이제 케이크를 쌓아 조립하는 일만 남았다.

케이크 조립하기

1단계

케이크를 쌓아 조립하기 전에 우선 케이크 레이어링 베이스를 꺼내어 완전히 해동시킨다. 2~4℃ 상태의 밀크 초콜릿 샹티이 크림을 휘핑해 깍지를 끼우지 않은 1회용 짤주머니에 채워 넣는다. 초콜릿 셸 안에 샹티이 크림을 조금 채운다. 6등분으로 잘라 놓은 케이크 레이어링 베이스 한 조각을 집어 뒤집은 다음 다쿠아즈를 칼끝으로 찍어 초콜릿 셸 맨 바닥 쪽에 놓아준다. 빙 둘러 샹티이 크림을 짜 넣은 다음, 나머지 케이크 베이스 조각들을 반복해서 넣어준다. 각 조각마다 사이사이 샹티이 크림을 조금씩 짜 넣는다. 이는 케이크 조각들을 서로 잘 붙여줄 뿐 아니라 공간을 채우는 역할을 한다. 맨 위 표면은 가나슈를 바르고 스패츌러로 매끈하게 정리한다. 실리콘 페이퍼를 대고 케이크 틀을 뒤집어 곧은 면이 앞으로 오게 한다. 틀을 제거하는 일은 아주 조심스럽다. 몰드의 고무줄과 석고판 부분을 빼낸다. 두 개의 실리콘 틀 사이에 손가락을 넣고 틀의 오른쪽 부분을 아래부터 떼어낸다. 위쪽은 완전히 떼어내지 않은 상태에서 두 번째 실리콘 틀을 떼어내고 마지막에 맨 꼭대기를 분리한다.

2단계 : 아몬드 퐁당 체리 코팅

아몬드 페이스트와 퐁당 슈거를 각각 말랑하고 부드럽게 만든 다음 둘을 혼합한다. 전자레인지에 살짝 데워 50℃ 온도로 만든 다음 식용 색소를 넣는다. 만든 즉시 사용한다.

3단계 : 붉은색 사탕 코팅

소스팬에 설탕과 물을 넣고 120℃까지 끓여 시럽을 만든다. 식용 색소를 넣고 160℃까지 계속 끓인다. 즉시 사용한다.

4단계 : 체리 코팅하기

오드비에 담긴 체리를 건져 키친타월 위에 놓아 물기를 뺀다. 감자 전분을 체리 위에 살짝 뿌린 다음, 아몬드 퐁당에 담갔다가 꼭지로 들어 올려 건진다. 잉여분의 퐁당은 흘러내리도록 한다. 체리 표면의 퐁당이 굳으면 뾰족하거나 울퉁불퉁한 잉여분을 잘라 매끈하게 정리한 후 식힌다. 붉은색 사탕 코팅용 시럽에도 마찬가지 방법으로 담가 코팅을 입힌 후 굳힌다. 잉여분의 시럽은 살짝 굳었을 때 가위로 잘라낸다. 사탕 코팅을 마친 체리가 식으면 습기 제거제를 넣은 밀폐용기에 넣어 보관한다.

완성하기

식용 골드 파우더에 물을 조금 넣어 섞는다. 초콜릿 셸 단면의 홈을 따라 붓으로 5개의 금색 표시줄을 그린다. 서빙용 접시에 케이크를 세워놓고, 준비해 둔 체리를 꼭대기에 얹는다. 냉장고에 보관한다.

TARTE CHOCOLAT
« RENDEZ-VOUS »

'랑데부' 초콜릿 타르트 by 장 폴 에뱅 JEAN-PAUL HÉVIN

최고의 맛을 선사하는 쇼콜라티에

장 폴 에뱅은 훌륭한 쇼콜라티에이자 눈을 감고도 카카오 원두의 산지를 감별해내는 테이스팅 전문가다. 초콜릿에 대한 끝없는 열정으로 그는 파리에서 손꼽히는 쇼콜라티에 대표 주자가 되었고, 그가 만드는 파티스리 또한 최고로 꼽힌다. 완벽한 구성, 절제미와 안정감을 지닌 외형, 완벽한 균형감을 지닌 그의 파티스리는 깜짝 놀랄 만한 맛으로 미식가들을 감동시킨다. 가장 많은 사랑을 받는 시그니처 메뉴인 초콜릿 타르트는 디저트의 완벽함을 보여주는 대표적인 모델이라 할 수 있다. 이 타르트에는 모든 요소가 다 들어 있다. 언제나 변함없이 안정적인 초콜릿 파트 쉬크레는 완벽하게 구워져, 한 입을 깨물면 파삭한 질감을 느낄 수 있고, 초콜릿과 휘핑크림으로 만든 가나슈는 부드럽고 풍부한 맛을 선사한다. 이 디저트를 맛보는 일은 가장 행복한 순간을 경험하는 일이다.

5인분   준비 시간 : 25분 ● 조리 시간 : 20분 ● 냉장/휴지 시간 : 4시간

재료

초콜릿 파트 쉬크레
La pâte sucrée au chocolat
카카오 68% 커버처 초콜릿 20g
상온의 부드러운 버터 105g
슈거파우더 65g

아몬드 가루 22g
바닐라 가루 0.25g
소금 한 꼬집
달걀 35g
밀가루 175g

초콜릿 가나슈
La ganache au chocolat
카카오 63% 커버처 초콜릿(페루산)
 170g
휘핑크림 250g
전화당 10g

완성하기 Montage et finition
길쭉한 잎 모양의 초콜릿 장식 2개
머랭 1개
식용 골드 파우더

만드는 법

초콜릿 파트 쉬크레
초콜릿을 중탕으로 녹인다. 볼에 버터, 슈거파우더, 아몬드 가루, 바닐라, 소금을 넣고 조심스럽게 혼합한다. 달걀을 넣어 섞은 다음 밀가루, 녹인 초콜릿을 순서대로 넣고 잘 저어 균일하게 혼합한다. 랩을 덮어 냉장고에 2시간 보관한다. 반죽을 꺼내 밀대로 최대한 얇게 둥근 모양으로 밀어준다. 지름 22cm 타르트 링에 반죽을 깔고 포크로 군데군데 찔러준 다음 유산지를 놓고 베이킹용 누름돌을 얹어 굽는 동안 부풀어 오르지 않게 한다. 180℃로 예열한 오븐에서 20분간 구워낸다. 오븐에서 꺼낸 뒤 식힌다. 타르트 시트가 식으면 바닥과 안쪽 면에 녹인 초콜릿(카카오 68%)을 붓으로 발라 한 켜 입힌다. 이는 타르트에 채워 넣을 필링의 수분이 흡수되는 것을 차단하여 시트를 바삭하게 유지하는 보호막 역할을 한다. 상온에 보관한다.

초콜릿 가나슈
초콜릿을 잘게 다져 볼에 넣는다. 휘핑크림에 전화당을 넣고 끓인다. 끓으면 바로 불에서 내려 초콜릿에 세 번에 나누어 붓고 잘 저으며 균일한 질감이 될 때까지 혼합한다.

완성하기
가나슈가 아직 따뜻할 때 타르트 시트에 채워준 다음, 상온(18~20℃)에 2시간 둔다. 길쭉한 잎 모양의 초콜릿 장식 2개와 골드 파우더를 코팅한 방울 모양 프렌치 머랭을 얹어 완성한다.

COOKIES
MULTIGRAIN

멀티그레인 쿠키 by 모코 히라야마 & 오마르 코레템 MOKO HIRAYAMA & OMAR KOREITEM (MOKONUTS)

무한한 자유로움으로 만들어내는 파리 최고의 쿠키

뉴욕에서 변호사로 활동했던 모코는 열정적이고 즐거움이 넘치는 선한 인상의 소유자다. 따로 제과제빵 교육을 받은 적이 없는 그녀에게 쿠키는 미국에서 보낸 어린 시절의 추억이 담긴 간식이다. 그녀가 만드는 쿠키에는 그 어떤 제약도 없다. 화이트 초콜릿 블랙 올리브 쿠키부터 옥수수 로즈마리 쿠키에 이르기까지 그녀는 마치 숨 쉬듯 자연스럽게 다양한 창작을 시도한다. 상상한 대로 결과가 나오지 않으면 다시 시작하면 된다. 이 자그마한 쿠키 하나만 보더라도 우리는 그녀가 절대 포기하지 않고, 새로운 여러 조합을 만들어낼 무한한 가능성을 지녔다고 짐작해볼 수 있다. 모코의 쿠키는 단순히 최고의 맛만을 추구한 것이기보다는 그녀의 호기심의 산물이라 할 수 있다. 자유롭게 고민해서 만든 결과물인 이 쿠키는 황홀한 식감과 놀라운 재료 조합으로 우리를 즐겁게 해준다. 그중에서도 보석처럼 빛나는 다크 초콜릿 멀티그레인 쿠키는 다양한 종류의 씨앗이 주는 크런치한 식감이 특히 매력적이다. 가장자리를 바삭하게 한 입 베어 물면 여러 가지 씨앗 알갱이가 아삭하게 씹히며 그 사이사이 초콜릿이 매력적으로 녹아든다. 최고의 쿠키다.

쿠키 약 15개 분량　준비 시간 : 30분 ● 조리 시간 : 12분

재료

쿠키 반죽 La pâte de cookies
오트밀 80g
각종 씨앗 믹스(호박씨, 해바라기씨, 아마씨 등) 90g

밀가루 125g
베이킹파우더 8g
소금 2g
무염 버터 115g

설탕 130g
달걀 1개
굵직하게 자른 다크 초콜릿 150g

만드는 법

오트밀, 씨앗, 밀가루, 베이킹파우더, 소금을 혼합한다. 버터와 설탕을 균일한 질감이 될 때까지 잘 섞는다. 여기에 달걀을 넣고 잘 섞는 후, 가루와 씨앗 혼합물을 모두 넣고 살살 섞어준다. 굵직하게 자른 초콜릿을 넣고 섞는다. 반죽을 손으로 떼어 15개로 나누고 동글게 빚어 유산지를 깐 오븐용 쿠키 팬에 간격을 두고 놓는다. 180℃로 예열된 오븐에 넣고 12분간 구워낸다. 겉면이 황금색으로 노릇하게 구워져야 한다.

TARTE AUX POMMES

애플 타르트 by 신야 이나가키 SHINYA INAGAKI (BOULANGERIE DU NIL – TERROIRS D'AVENIR)

자연의 맛을 정직하게 보여주는 기본에 충실한 타르트

각 산지의 지역적 특성인 테루아를 존중하여 가장 좋은 생산품만을 소비자에게 소개하고 공급하는 데 노력을 기울이는 두 청년이 있다. 테루아 다브니르(Terroirs d'avenir)라는 매장을 운영 중인 사뮈엘 나옹(Samuel Nahon)과 알렉상드르 드루아르(Alexandre Drouard). 그들이 보는 자연은 아름답고, 이렇게 아름답고 귀하고 진실된 테루아를 소중히 여기는 그들의 미래 역시 아름다울 것이다. 이 매장 바로 옆에 최근 오픈한 베이커리 역시 마찬가지로, 그곳의 중심에는 맛있는 빵과 와인 등 아름다운 프랑스의 이미지를 전하고자 하는 열망이 가득한 일본인 신야 이나가키가 있다. 재래종 밀의 종류와 그 재배법, 농장에서 이루어지는 개량종 개발 등에 관심이 많은 그는 정통 프랑스 빵의 매력에 흠뻑 빠져, 사뮈엘과 알렉상드르의 야심찬 프로젝트에 뜻을 같이했다. 즉 테루아에 기초한 다양한 노하우를 끌어내 한 단계 발전시키는 일이다. 이 일을 하는 데 가장 중요한 핵심인 계절성은 그의 케이크나 빵에서도 나타난다. 제철에 나는 제일 좋은 품질의 재료를 사용하니, 만드는 방법은 단순해도 그 맛은 최고다. 그의 비장의 무기인 크렘 다망드(아몬드 크림)를 사용한 아몬드 초콜릿 바나 아몬드 크루아상은 인기 상품으로 자리 잡았다. 여기 소개된 애플 타르트에도 당연히 신야는 아몬드 크림을 듬뿍 넣었고, 만일 '단 하나의 파티스리만 선택한다면 바로 이것'이라는 확신을 갖기에 부족함이 없다. 한 입을 베어 물면 모든 재료가 혼연일체가 되어 그 어느 것 하나 지나치지도 또 뒤처지지도 않는다. 파트 쉬크레와 아몬드 크림 그리고 부드럽게 익힌 사과가 입안에서 완벽한 조화를 이룬다.

4인분 준비 시간 : 45분 ● 휴지 시간 : 2시간 ● 조리 시간 : 45분

재료

파트 쉬크레 La pâte sucrée
상온의 부드러운 버터 65g
슈거파우더 40g
아몬드 가루 15g
밀가루(T65*) 110g

소금 1꼬집
달걀 작은 것 1개

아몬드 크림 La crème d'amande
상온의 부드러운 버터 50g
황설탕 50g
달걀 작은 것 1개
아몬드 가루 50g

타르트 구성 재료 Le dressage
사과 큰 것 1개

만드는 법

파트 쉬크레
전동 스탠드 믹서 볼에 상온의 부드러운 버터와 설탕을 넣고 균일한 질감이 될 때까지 플랫비터(나뭇잎 모양)를 돌려 섞는다. 아몬드 가루, 밀가루, 소금을 넣고 다시 혼합한다.
달걀을 넣고 반죽이 덩어리로 뭉칠 때까지 계속 돌려준다. 랩으로 밀착시켜 싼 다음 냉장고에 최소 2시간 이상 넣어둔다.

아몬드 크림
오븐을 220℃로 예열한다. 상온의 부드러운 버터와 황설탕을 혼합한다. 달걀을 넣고 잘 섞은 다음 아몬드 가루를 넣고 균일하게 혼합한다.

완성하기
타르트 시트 반죽을 가장자리가 높은 지름 16cm 원형 틀 안에 깔고, 포크로 바닥을 군데군데 찔러준다. 아몬드 크림을 두툼하게 채운 다음, 링 모양으로 얇게 썬 사과를 얹는다. 220℃ 오븐에 넣어 45분간 굽는다.

*farine T65 : p. 90 참조.

SAINT-HONORÉ

생토노레 by 로랑 자냉 LAURENT JEANNIN (LE BRISTOL)

우아함의 극치를 보여주는 아름다운 디저트

로랑 자냉이 파티스리 셰프로 근무하고 있는 호텔 르 브리스톨이 위치한 거리 이름도 생토노레다. 그는 세월이 흘러도 꾸준히 사랑받고 있는 같은 이름의 이 클래식 디저트를 자신만의 개성을 담아 특별하게 만들어낸다. 기본이 되는 슈 페이스트리는 물론이고 파트 푀유테도 사용하고, 크림도 두 종류(크렘 파티시에, 크렘 시부스트), 심지어 캐러멜도 두 가지(솔티드 캐러멜, 크런치 캐러멜)로 변주를 준다. 또한 기존의 생토노레와는 차별화된 1인용 사이즈의 갸름한 모양도 아주 우아하다. 휘핑한 크림을 섞어 더욱 가벼워진 바닐라 향 풍부한 크렘 파티시에를 맨 위에 짜 올렸고, 부서질 듯한 식감의 반짝이는 캐러멜이 슈 겉면을 가득 덮고 있으며, 황금색으로 잘 구워진 슈는 크렘 샹티이와 혼합해 농도를 가볍게 한 크렘 시부스트와 솔티드 캐러멜로 가득 차 있다. 로랑 자냉이 추구하고자 하는 것은 오로지 최상의 조합을 이루는 맛과 텍스처로 감동을 선사하는 일이다. 크렘 샹티이가 제일 먼저 부드럽게 입안에 들어오고 이어서 시부스트 크림, 슈의 캐러멜로 이어지며 마지막엔 바삭한 푀유타주와 캐러멜이 식감을 완성하는 이 디저트는 진정한 맛의 의미를 다시 한 번 상기시켜준다.

4인분 준비 시간 : 1시간 ● 조리 시간 : 30~40분 ● 냉장 시간 : 10분

재료

파트 푀유테 65g	버터 65g	**시부스트 크림**	달걀흰자 50g
밀가루(작업대 용)	밀가루 150g	La crème chiboust	
베이킹 팬용 기름	신선한 달걀 160g	판 젤라틴 ⅔장	**샹티이 크림** La chantilly
		우유 80g	생크림 145g
슈 페이스트리 La pâte à choux	**캐러멜** Le caramel	바닐라 빈 ½줄기	마스카르포네 15g
물 80g	물 40g	달걀노른자 40g	설탕 12g
우유 80g	설탕 160g	설탕 35g	바닐라 빈 ½줄기
설탕 6g	옥수수 시럽 25g	옥수수 전분 또는 커스터드 분말 8g	
고운 소금 5g			

만드는 법

슈 페이스트리

소스팬에 물, 우유, 설탕, 소금, 버터를 넣고 가열한다. 끓으면 불에서 내리고 체에 친 밀가루를 넣은 다음 균일한 반죽이 되도록 잘 섞는다. 다시 소스팬을 약불에 올리고 주걱으로 세게 저어주며 약 1분간 수분을 날린다. 전동 스탠드 믹서 볼에 쏟은 뒤 거품기를 중간 속도로 돌리면서 달걀을 조금씩 넣어준다. 반죽이 매끈하고 균일하며 윤기가 날 때까지 돌린다. 파트 푀유테에 밀가루를 살짝 뿌려가며 밀대로 두께 2mm 정도로 얇게 민 다음, 베이킹 팬에 놓고 냉장고에 약 15분 정도 두어 굳게 한다. 파트 푀유테를 꺼내서 포크로 군데군데 찍어준 다음 접시를 엎어 놓고 약 18cm 크기의 원형으로 자른다. 베이킹 팬에 기름을 살짝 바른 후 닦아낸다. 그 위에 원형 파트 푀유테를 놓고 가장자리에 빙 둘러 슈 페이스트리 반죽을 짜 얹는다. 베이킹 팬의 남은 공간에 짤주머니(7mm 원형 깍지)를 사용하여 지름 2cm 크기의 작은 슈를 20개 정도 짜 놓는다. 230℃로 예열한 오븐에 넣고, 1분간 구운 다음 오븐을 끈다. 그 상태로 6~7분 두어 슈가 부풀도록 한다. 다시 오븐을 켜 180℃로 맞춘다. 슈가 노릇한 색이 나면 오븐 문을 10초간 열어 안의 습기가 빠지도록 한다. 다시 오븐 문을 닫고 굽는다(약 30분 소요). 오븐에서 꺼내자마자 모두 망에 올려 식힌다.

캐러멜

소스팬에 물, 설탕을 넣고 약불에서 끓인다. 옥수수 시럽을 넣고 계속 끓여 밝은 갈색의 캐러멜을 만든다. 작은 슈를 캐러멜에 담갔다 빼 넓은 접시에 놓는다. 캐러멜이 굳으면 슈가 붙지 않도록 떼어놓는다.

시부스트 크림

판 젤라틴을 찬물에 담가 불린다. 우유에 바닐라 빈 1/2을 긁어 넣고 가열한다. 끓으면 불을 끄고 그대로 5분간 두어 향이 우러나게 한 다음 체에 거른다. 볼에 달걀노른자와 설탕 8g을 넣고 거품기로 혼합한 다음, 커스터드 분말을 넣고 잘 섞는다. 바닐라 향이 우러난 우유를 다시 불에 올려 가열한다. 끓으면 바로 불에서 내리고 달걀 혼합물에 부어 섞은 뒤 다시 1분간 끓인다. 불에서 내린 다음, 물을 꼭 짠 젤라틴을 넣고 섞는다. 달걀흰자에 나머지 설탕을 넣어가며 거품을 올린 다음, 만들어 놓은 뜨거운 크렘 파티시에에 넣고 살살 섞는다. 작은 원형 깍지를 끼운 짤주머니에 넣고 미니 슈의 바닥에 구멍을 뚫어 시부스트 크림을 채워 넣는다. 빙 둘러 왕관 모양으로 구운 슈 안에도 크림을 채운다. 캐러멜을 데운 다음, 미니 슈의 바닥 쪽을 살짝 담갔다 빼 왕관 모양 슈 위에 빙 둘러 붙인다. 냉장고에 10분간 넣어둔다.

샹티이 크림

생크림, 마스카르포네, 설탕, 바닐라 빈을 모두 넣고 거품기로 휘핑하여 샹티이 크림을 만든다.

완성하기

냉장고에 넣어둔 생토노레를 꺼내 중앙 부분에 짤주머니(생토노레용 깍지)로 샹티이 크림을 짜 채워 넣는다.

PIE MATCHA

말차 파이 by 앙토아네타 줄리아 & 사야코 츠지 ANTOANETA JULEA & SAYAKO TSUJI (AMAMI)

페어리 테일의 탄생

루마니아 태생의 캐나다인 앙토아네타와 일본 출신 미국인 사야코는 10년 전 파리 코르동 블루에서 만났다. 이 둘은 샘솟는 아이디어를 토대로 새로운 파티스리를 끊임없이 만들어보고, 시식하고, 레시피를 테스트하는 작업을 계속 이어갔다. 각기 **로슈** (Rochoux)와 **크리옹**(Le Crillon)에서 경력을 쌓은 두 사람은 "타인의 업장에서 힘들게 일하는 것은 이제 그만하고 그 열정을 우리 자신의 파티스리를 위해 힘껏 담아내자."라며 의기투합해 독립을 결심했다. 처음엔 집에서 만든 캐러멜을 인터넷에서 판매하는 것으로 소박하게 시작했다. 주문이 폭증했고 인기를 얻은 이들은 2015년 12월에 아마미(Amami)를 오픈했다. 미국과 일본의 하이브리드 격이라 할 수 있는 말차 파이는 플랑과 비슷한 커스터드 베이스이지만 훨씬 크리미하고, 여기에 **메종 주게츠도**(maison Jugetsudo)의 유기농 말차가 주는 쌉싸름한 맛이 팽팽한 균형을 맞춰준다. 중독성이 있는 디저트다.

4인분 준비 시간 : 30분 ● 휴지 시간 : 4시간 ● 조리 시간 : 1시간 15분

재료

타르트 반죽 La pâte
밀가루 340g
설탕 15g
소금 1 티스푼
버터 250g
차가운 물 100g

말차 크림 La crème au matcha
버터 110g
설탕 130g
밀가루 ½ 테이블스푼
소금 ½ 티스푼
말차가루 ½ 테이블스푼

달걀 4개
생크림 450ml
바닐라 에센스 ½ 티스푼

만드는 법

타르트 반죽

볼에 밀가루, 설탕, 소금을 넣는다. 미리 깍둑 썰어둔 버터를 넣고 손으로 섞어 모래와 같은 질감을 만든다. 차가운 물을 붓고 잘 섞는다. 반죽이 균일하게 되면 둥그런 덩어리를 만들어 둘로 나눈다. 두 덩어리의 반죽을 랩으로 싸 냉장고에 넣고 2시간 휴지시킨다. 첫 번째 반죽 덩어리를 밀대로 밀어 지름 22cm의 타르트 틀 위로 약간 넘칠 정도의 크기를 만든다. 가장자리 남는 부분은 칼로 잘라낸다. 데코레이션으로 사용할 두 번째 반죽은 얇게 민 다음 길쭉한 띠 3개로 잘라 땋아둔다. 붓으로 물을 묻혀가며 땋아 놓은 반죽 띠를 타르트 시트 가장자리로 올라온 반죽 둘레에 붙인다. 냉장고에 최소 한 시간 이상 넣어둔다. 타르트 시트 위에 유산지를 덮고 베이킹용 누름돌을 넣는다. 베이킹용 누름돌이 없다면 쌀이나 콩을 사용해도 좋다. 175℃로 예열한 오븐에 넣고 15분 구운 다음 누름돌과 유산지를 제거하고 15분 더 굽는다. 노릇하게 구운 색이 나면 오븐에서 꺼낸다.

말차 크림

버터를 녹인다. 볼에 설탕, 밀가루, 소금, 말차가루를 넣고 거품기로 잘 섞는다. 여기에 녹인 버터를 넣고 혼합한 다음 달걀을 한 개씩 넣어 섞는다. 생크림, 바닐라 에센스를 넣고 잘 섞는다. 크림을 고운 체에 내려 미리 구워놓은 타르트 시트에 붓는다. 175℃로 예열한 오븐에 넣어 10분간 구운 뒤, 오븐 온도를 150℃로 낮추고 다시 30분간 더 굽는다. 구운 타르트는 중앙 부분이 살짝 흔들릴 정도가 되어야 한다. 꺼내서 상온의 온도로 식힌 뒤 냉장고에 넣어 1시간 보관한다.

FLAN
GRAND-MÈRE

플랑 그랑메르 by 로간 & 브래들리 라퐁 LOGAN ET BRADLEY LAFOND (ERNEST ET VALENTIN)

놀라운 재능을 가진 열정의 두 형제

"베이커리 이름을 '로간과 브래들리'라고도 할 수 있었지만, 우리는 할아버지들의 이름을 따서 에르네스트와 발랑탱으로 정했습니다." 이들의 할아버지는 제과제빵업에 종사하지 않았으므로 흔히 생각할 수 있듯이 전통이나 가업을 잇는다는 의미와는 거리가 있다. 로간과 브래들리는 그들만의 이미지를 스스로 만들어갔다. 그들은 자신이 느끼고 경험한 것, 또 그들에게 잘 먹는다는 것의 중요한 가치를 전수해준 이들에게서 배운 것을 토대로 멋진 모험에 도전했다. 이것은 뜬구름 잡듯 허황될 수도 있고 혹은 아주 요원한 것일 수도 있었다. 플랑 그랑메르도 마찬가지로 이름만 '할머니의 플랑'일 뿐 가족 대대로 물려받은 레시피는 아니다. 하지만 그들이 판단하기에 이것은 제대로 잘 만든 것을 찾아보기 힘든 제빵사의 케이크로서는 그 정점에 있다고 본다. 파티시에인 브래들리는 플랑 베이스 크림을 만드는 데 열중하고, 제빵사인 로간은 열심히 반죽을 만들어 제빵용 오븐에 구워낸다. 이렇게 탄생한 결과물의 표면은 캐러멜라이즈되어 입맛을 자극하고, 속은 흐르는 듯 탱글하면서도 부드러운 크렘 브륄레와 같은 질감을 지닌다. 크리미하고 진한 우유 맛에 더해진 넉넉한 부르봉산 바닐라 향은 부드럽게 입안에 오래 남는다. 유행을 타지 않는 언제나 만족스러운 간식임에 틀림없다.

6~8인분   준비 시간 : 1시간 ● 조리 시간 : 20~40분

재료

파트 브리제 La pâte brisée	크렘 파티시에	바닐라 빈 1줄기
밀가루(박력분 T45*) 200g	La crème pâtissière	옥수수 전분(Maïzena®) 85g
마가린 100g	우유 750g	달걀 100g
소금 4g	생크림(유지방 35%) 250g	
물 50g	설탕 200g	

만드는 법

파트 브리제

전동 스탠드 믹서 볼에 재료를 모두 넣고 도우훅으로 반죽한다. 균일하고 매끈한 반죽이 되면 덜어낸 다음, 밀대로 3mm 두께로 민다. 지름 22cm 타르트 링에 반죽을 깔고 냉장고에 넣어둔다.

크렘 파티시에

소스팬에 우유와 생크림, 설탕 분량의 3/4, 길게 갈라 긁은 바닐라 빈을 함께 넣고 가열한다. 전동 스탠드 믹서 볼에 나머지 설탕과 옥수수 전분, 달걀을 넣고 거품기를 돌려 흰색이 날 때까지 혼합한다. 우유와 크림이 끓으면 불에서 내리고 그 일부를 달걀, 설탕, 녹말 혼합물에 붓고 잘 섞은 뒤 다시 소스팬에 붓는다. 혼합물이 균일하고 매끈해질 때까지 계속 세게 저어 섞는다. 국자로 크림을 떠서 준비해 둔 파트 브리제 틀 안에 채워 넣는다. 오븐의 종류에 따라 일반 오븐의 경우 260℃에서 20분, 컨벡션 오븐은 180℃에서 40분간 굽는다.

오븐에서 꺼낸 플랑은 겉면이 노르스름하게 구워진 색을 띠며 부풀어 있어야 한다. 상온으로 식힌 후 틀을 제거한다. 서빙용 접시에 낸다. 플랑은 크리미하고 입에서 녹아야 한다.

*farine T45 : p.22 참조

LE CITRON

시트롱 by 알렉시 르코프르 & 실베스트르 와이드 ALEXIS LECOFFRE ET SYLVESTRE WAHID (GÂTEAUX THOUMIEUX)

파티시에와 미슐랭 2스타 셰프가 이루는 환상의 하모니

실베스트르와 알렉시에게 있어 레몬 타르트는 그 어떠한 경우에도 '맛에 있어서 만큼은' 모든 이들에게 다가가야 한다는 신념이 있다. 그들이 만드는 레몬 타르트는 타르트 시트도, 비스킷도 없다. 대신 얇은 화이트 초콜릿 셸이 텍스처를 담당하고 있고, 모양은 유연하고 통통한 물방울을 연상시킨다. 안쪽에는 휘핑한 레몬 가나슈, 레몬즙, 레몬 제스트로 노란색의 새콤함을 가득 채웠고, 그 가운데에는 오렌지즙을 넣고 졸인 라임 콩피가 들어 있다. 단맛은 초콜릿 코팅으로 충분하기 때문에, 나머지는 상큼함과 새콤한 맛에 집중되어 있다. 놀라운 맛과 비주얼의 이 디저트는 장식으로 핑거라임 알갱이를 조금 얹은 것 외에는 시트러스 과육을 조금도 넣지 않았지만 크림의 묵직함과 당도, 산미가 완벽하게 균형을 이루고 있다. 레몬을 이야기하는 아주 아름다운 해석이다.

타르트 10개 분량 준비 시간 : 1시간 45분 ● 냉장 시간 : 36시간

재료

레몬 가나슈
La ganache montée citron
판 젤라틴 3.5장
생크림 600g
레몬 껍질 제스트 10g
화이트 초콜릿 175g
(Concerto de la Chocolaterie de l'Opéra®)
레몬즙 200g

라임 콩피 Le confit citron vert
라임 30g
오렌지즙 30g
설탕(1) 40g
설탕(2) 1꼬집
펙틴 가루 칼끝으로 아주 소량
(펙틴이 없을 경우 다른 종류의 겔화제를 사용해도 좋다)

화이트 초콜릿 코팅
L'enrobage au chocolat blanc
카카오 버터 250g
화이트 초콜릿 250g
(Concerto de la Chocolaterie de l'Opéra®)

라임 이탈리안 머랭
La meringue italienne au citron vert
설탕 315g
라임즙 80g
달걀흰자 105g

완성하기 Montage et finition
식용 골드 파우더 적당량
식용 금박 적당량

만드는 법

레몬 가나슈
판 젤라틴을 찬물에 넣어 불린다. 생크림 분량의 1/3과 레몬 제스트를 끓인다. 물을 꼭 짠 젤라틴을 넣고 잘 섞은 뒤, 두 번에 나누어 화이트 초콜릿에 붓고 잘 섞는다. 나머지 분량의 생크림을 넣어 섞은 뒤 체에 거른다. 식힌 다음 레몬즙을 넣고 블렌더로 갈아준다. 냉장고에 24시간 넣어둔 후에 사용한다.

라임 콩피
라임을 칼로 굵직하게 썰어 분쇄기로 간다. 소스팬에 오렌지즙과 다진 라임, 설탕(1)을 넣고 가열한다. 50℃가 되면 미리 펙틴과 섞어둔 설탕(2)을 넣은 다음 계속 저으며 가열한다. 끓으면 바로 불을 줄여 약불에서 15분간 익힌다. 식힌 후 냉장고에 보관한다.

화이트 초콜릿 코팅
카카오 버터를 45℃가 되도록 녹인 다음, 화이트 초콜릿에 붓고 블렌더로 갈아 혼합한다. 50℃로 사용한다.

라임 이탈리안 머랭
설탕과 레몬즙을 넣고 가열해 110℃에 이르면, 전동 스탠드 믹서를 돌려 달걀흰자의 거품을 올리기 시작한다. 시럽이 121℃가 되면 불에서 내리고 달걀흰자 볼에 흘려 넣으며 계속 거품기를 돌린다. 머랭을 거품기로 들어 올렸을 때 새의 부리처럼 뾰족한 모양을 보이면 완성된 것이다. 이렇게 미리 거품을 올리다가 설탕 시럽을 넣어가며 만든 머랭은 좀 더 단단한 조직을 갖게 된다.

완성하기
전동 스탠드 믹서 볼에 레몬 가나슈를 넣고 거품기로 돌려 휘핑한다. 거품기에 가나슈가 묻어 흘러내리지 않을 정도가 될 때까지 거품기로 돌린다. 짤주머니에 넣고 동그란 구형 실리콘 틀에 3/4씩 채워 넣는다. 작은 스패출러를 사용하여 레몬 가나슈를 몰드의 가장자리까지 올려 펴 바른다. 라임 콩피를 짤주머니에 넣고 원형 몰드 중앙에 각 10g씩 짜 넣는다. 몰드의 나머지 1/4을 다시 레몬 가나슈로 채우고 맨 윗면을 매끈하게 밀어준 다음 냉동실에 12시간 넣어둔다. 가나슈 볼이 언 상태에서 몰드에서 분리한 다음 나무꼬치를 아래쪽에 꽂고, 카카오 버터와 화이트 초콜릿으로 만든 혼합물에 담가 골고루 코팅한다. 냉동실에 다시 10분간 넣어 코팅이 굳게 한다. 이어서 머랭에 담가 끝이 뾰족한 물방울 모양으로 겉면을 입힌다. 포크를 사용하여 나무꼬치를 제거한 다음 접시에 놓는다. 토치로 살짝 그슬려 머랭에 구운 색을 낸 다음 골드 파우더를 불어 뿌린다. 뾰족한 꼭대기 부분에 식용 금박을 얹어 장식한다.

CAKE CUBE
AU SÉSAME NOIR

흑임자 큐브 케이크 by 얀 르갈 YANN LE GALL (LES SOURIS DANSENT)

"복잡한 것은 질색… 저는 가장 단순하게 만듭니다."

얀 르갈의 케이크는 그 형태만 보아도 일본에 대한 그의 사랑을 눈치 챌 수 있다. 맛의 측면에서 본다면 그는 단순하고도 개성이 있으며 안정적인 것을 좋아한다. 여행 중 처음 먹어본 큐브 케이크는 정육면체 모양의 아주 가볍고 부드러운 일본 디저트인데, 속에는 가볍게 거품 올린 샹티이 크림이 가득 차 있고 겉에는 얇은 초콜릿 막이 있는 형태다. 그는 이 케이크에 흠뻑 매료되었으나, 다른 곳에서는 찾아볼 수 없었다. 그가 만든 큐브 케이크는 초콜릿 막을 아예 생략하여, 파티스리에서 다양한 식감이 조화롭게 모두 표현되어야 한다는 기존의 고정관념을 깨버렸다. 크런치하게 씹는 맛이나 바삭하게 부서지는 질감은 배제한 채 오로지 말랑하고 부드러운 식감만을 강조하는 그의 큐브 케이크는 마치 수플레를 연상시킨다. 그중 특히 흑임자 케이크는 최고 인기 메뉴다. 한 입 베어 물면 폭신하고 부드러운 식감을 느낄 수 있고, 바로 흑임자의 고소함과 가벼운 샹티이 크림이 이어지며 색이 분명한 부드러움을 완성한다. 순하면서도 강렬한 양면의 매력을 지닌 디저트다.

슈 8개 분량 준비 시간 : 2시간 ● 조리 시간 : 36분 ● 냉장 시간 : 30분

재료

슈 페이스트리 La pâte à choux
물 95g
버터 35g
소금 ½꼬집
밀가루 35g
식용 숯가루 5g
중간 크기의 달걀 4개

랑그 드 샤 비스킷
Les langues de chat
상온의 부드러운 버터 50g
슈거파우더 50g
달걀흰자 50g
밀가루 50g
식용 숯가루 ½티스푼

흑임자 크렘 파티시에
La crème pâtissière au
sésame noir
우유 250g
달걀노른자 2개
설탕 32.5g
옥수수 전분(Maïzena®) 22g
흑임자 페이스트 20g

흑임자 샹티이 크림
La chantilly au sésame noir
생크림(유지방 35%) 150g
슈거파우더 15g
흑임자 페이스트 1티스푼

완성하기 Montage et finition
흑임자 통깨
흑임자 샹티이 크림
달팽이 모양 랑그 드 샤 비스킷 8개

만드는 법

슈 페이스트리

소스팬에 물, 버터, 소금을 넣고 가열한다. 끓기 시작하면 불에서 내린 뒤 밀가루와 식용 숯가루를 넣고 반죽이 균일해지도록 잘 섞는다. 다시 약불에 올려 계속 힘있게 저어주면서 1분 정도 수분을 날린 뒤 볼에 옮겨 담는다. 미리 풀어놓은 달걀을 조금씩 나누어 넣으며 계속 잘 섞어준다. 슈 반죽을 깍지 끼운 짤주머니에 넣는다. 유산지를 깐 베이킹 팬에 5cmx5cm 크기의 정사각형 틀 8개를 놓고, 짤주머니로 짜 바닥을 채운다. 다른 베이킹 팬 한 장을 위에 얹은 뒤 180℃ 오븐에 넣어 30분간 굽는다. 오븐에서 꺼낸 후 즉시 틀을 제거하고, 망에 올려 식힌다.

랑그 드 샤 비스킷

볼에 버터와 설탕을 넣고 거품기로 저어 균일하게 혼합한다. 달걀흰자를 넣고, 함께 체에 쳐둔 밀가루와 식용 숯가루를 넣어 잘 섞는다. 혼합물을 깍지 없는 짤주머니에 넣고 끝을 잘라낸 다음, 유산지를 깐 베이킹 팬에 케이크 사이즈의 달팽이 모양으로 8개를 짜놓는다. 170℃ 오븐에 넣어 6분간 굽는다.

흑임자 크렘 파티시에

소스팬에 우유를 넣고 끓인다. 볼에 달걀노른자와 설탕, 옥수수 전분, 흑임자 페이스트를 넣고 거품기로 저어 혼합한다. 끓는 우유를 조금 부어 잘 개어 섞은 다음 다시 소스팬으로 모두 옮겨 붓고 계속 저어가며 중불로 가열한다. 약하게 끓기 시작하면 불에서 내리고 크림을 넓적한 그라탱 용기에 담은 후 랩으로 밀착시켜 덮는다. 냉장고에 약 30분간 넣어둔다.

흑임자 샹티이 크림

전동 스탠드 믹서 볼에 차가운 생크림과 슈거파우더를 넣고 거품기로 돌려 휘핑한다. 거품기를 들었을 때 크림이 흐르지 않고 붙어 있는 농도가 되어야 한다. 마지막으로 흑임자 페이스트를 넣고 살살 섞는다. 냉장고에 넣어둔다.

완성하기

크렘 파티시에를 냉장고에서 꺼내 믹싱볼에 넣고 흑임자 통깨를 조금 넣는다. 거품기로 저어 크림을 부드럽게 풀어준 다음, 8mm 원형 깍지를 끼운 짤주머니에 넣는다. 정사각형 슈에 작은 깍지를 사용하여 구멍을 뚫고 짤주머니로 흑임자 크림을 짜 넣는다. 슈 위에 샹티이 크림을 뾰족하게 짜 얹은 다음 달팽이 모양 랑그 드 샤 과자를 얹어 완성한다.

LE CROUSTI BREIZH

크리스피 브르타뉴 by 피에르 마리 르 무아뇨 PIÈR-MARIE LE MOIGNO

퀸아망을 위트 있게 재해석한 중독성 있는 과자

2014년 6월, 피에르 마리 르 무아뇨가 꿈꿔오던 프로젝트가 드디어 현실이 되었다. 파리 파크 하얏트의 파티시에였던 그는 자신의 고향 브르타뉴에 고급 호텔에 버금가는 파티스리 부티크를 열어, 마치 레스토랑처럼 메뉴도 정기적으로 바꾸고, 지역에서 생산되는 가장 신선한 재료를 사용하여 그날그날 만드는 맞춤형 고급 디저트를 제공하게 된 것이다. 태어나고 자란 브르타뉴의 자연 환경과 먹거리를 깊이 사랑하는 피에르 마리는 이 지역의 특산 파티스리인 퀸아망을 그 누구라도 만들어보고 싶을 정도로 더 현대적이고 귀여운 스낵 스타일로 새롭게 탄생시켰다. 반죽을 돌돌 말아 얇게 자른 다음 특수 틀에 구워 놀라운 결과물을 만들어낸 것이다. 파트 퓌유테를 부풀지 않도록 꼭꼭 말아 밀도 높게 구워내 바삭한 식감과 캐러멜라이즈된 맛을 지닌 이 과자는 최고의 중독성을 자랑한다. 약간 도톰한 칩과 같은 모양으로 그 두께는 일정하지 않고 불규칙한데, 군데군데 빵처럼 말랑한 식감도 있고 어떤 것은 과자처럼 바스러지기도 한다. 셰프가 바라던 아주 만족할 만한 결과다. 옆에 놓아두면 계속 손이 갈 것임이 분명하다.

약 30개 분량   준비 시간 : 1시간 ● 조리 시간 : 15분 ● 냉장 시간 : 2시간

재료

파트 르베 퓌유테
La pâte levée feuilletée
생 이스트 7g
차가운 물 270g

소금(sel de Guérande) 5g
밀가루(박력분 T45) 450g
바닐라 빈 가루 3g
무염 버터 녹인 것 20g

퓌유타주용 버터(beurre sec) 330g
설탕 150g
비정제 황설탕 150g

만드는 법

파트 르베 퓌유테

생 이스트에 물을 조금 넣어 갠다. 전동 스탠드 믹서 볼에 소금을 녹인 물, 밀가루, 바닐라 가루, 이스트를 넣고 플랫비터로 천천히 돌려 섞는다. 녹인 버터를 넣고 섞은 다음, 도우 훅으로 돌려 혼합물이 믹싱볼 벽에 달라붙지 않고 뭉칠 정도가 될 때까지 반죽한다. 반죽을 둥그렇게 만들어 랩으로 밀착시켜 싼 다음, 냉장고에 최소 30분 이상 넣어둔다.

휴지가 끝난 반죽을 꺼내 작업대에 놓고 손바닥으로 으깨듯이 누르며 공기를 빼준다. 이렇게 하면 이스트가 다시 발효 작용을 시작할 수 있다. 반죽을 큰 정사각형 모양으로 민다. 반죽이 바닥에 붙지 않도록 중간중간 밀가루를 뿌려가며 작업한다. 반죽 크기보다 작은 정사각형으로 납작하게 두드린 버터 블록을 가운데 놓고, 반죽의 네 귀퉁이를 가운데 쪽으로 접어 이음새를 잘 붙인다. 버터를 감싼 반죽을 길게 민다. 가로 길이의 3배가 되도록 한다. 가운데로 3등분 접기를 한 다음 방향을 90° 돌려 접힌 부분이 옆으로 가도록 놓는다. 냉장고에 30분 넣어둔다. 반죽을 꺼내 첫 번째 접기와 마찬가지로 3등분으로 접고 다시 방향을 90° 돌려 놓는다. 이때 반죽을 접기 전에 설탕 두 종류를 섞어서 모두 뿌린다. 구웠을 때 캐러멜라이즈된 맛을 낼 수 있다. 접어서 다시 냉장고에 30분 보관한다. 꺼내서 반죽을 다시 민 다음 지름 5cm 굵기가 되도록 김밥처럼 돌돌 만다. 다시 냉장고에 30분 넣어둔다. 돌돌 만 반죽을 두께 2mm로 얇게 썬 다음, 유산지를 깐 베이킹 팬 위에 한 켜로 깔아 놓고 24℃ 온도에서 발효시킨다. 180℃로 예열한 오븐에 넣어 15분간 굽는다. 캐러멜라이즈된 색이 나도록 구운 뒤 꺼내서 망 위에 올려 식힌다.

GÂTEAU BASQUE

갸토 바스크 by 제라르 뤼리에 GÉRARD LHUILLIER (LE MOULIN DE BASSILOUR)

갸토 바스크의 정수, 르 물랭 드 바실루르

80년 넘게 이어져온 베이커리 르 물랭 드 바실루르(moulin은 프랑스어로 방앗간이란 뜻으로, 현재도 여전히 이 매장에서 가동되고 있다)는 갸토 바스크를 얘기할 때 가장 먼저 손꼽히는 곳이다. 세대를 아우르며 유행을 타지 않는 갸토 바스크는 농가에서 생산한 우유와 달걀로 만든 크렘 파티시에, 퓨어 버터와 옥수수 가루, 밀가루로 만든다. 부스러지는 식감의 파트 사블레를 기본으로 여기에 럼의 향기를 더해 만드는 이 디저트는, 오랜 세월 변함없이 이어져 오는 전통 케이크 중 하나다. 심지어 현재 종업원들도 모를 정도로 이곳의 레시피 비법은 잘 유지되어 내려오고 있을 뿐 아니라, 크림을 넣은 갸토 바스크, 체리잼을 넣은 갸토 바스크 등 그 종류도 점점 다양해지고 있다. 3대째 가업을 잇고 있는 제빵사 제라르 뤼리에는 가정에서도 도전해 볼 수 있는 전통 레시피를 소개한다. 물랭에서 직접 만든 원조 갸토 바스크를 맛보려면 진짜 바스크 지방의 비다르(Bidard)로 가야 한다.

4인분 준비 시간 : 20분 ● 휴지 시간 : 2시간 ● 조리 시간 : 40분

재료

시트 반죽 La pâte
무염 버터 120g
설탕 200g
밀가루(다목적용 중력분 T55*) 300g
베이킹파우더 11g
소금 3꼬집

달걀 2개
다크 럼 2테이블스푼

크림 La crème
우유 500g
달걀 3개
설탕 125g
밀가루(다목적용 중력분 T55) 40g
다크 럼 2테이블스푼

완성하기 Montage et finition
달걀 1개

만드는 법

반죽

전동 스탠드 믹서 볼에 상온에 두어 부드러워진 포마드 상태의 버터와 설탕을 넣고 플랫비터를 돌려 크림의 질감이 될 때까지 혼합한다. 밀가루, 베이킹파우더, 소금, 달걀과 럼을 넣고 잘 섞는다. 균일하게 반죽되면 꺼내 둥근 모양으로 만들고 랩으로 잘 싼 다음 냉장고에 최소 2시간 이상 보관한다.

크림

소스팬에 우유를 넣고 가열한다. 볼에 달걀과 설탕을 넣고 살짝 흰색이 될 때까지 거품기로 혼합한다. 밀가루를 넣고 잘 섞는다. 반죽이 균일해지면 우유를 데우는 소스팬 안에 넣는다. 주걱으로 세게 저으면서 계속 가열하여 3~4분간 끓인다. 불에서 내리고 럼을 넣어 섞은 후, 넓적한 그라탱 용기에 덜고 랩을 밀착시켜 덮은 뒤 냉장고에 보관한다.

완성하기

원형 케이크 틀 안쪽에 버터를 발라둔다. 반죽을 이등분하고 각각 5mm 두께의 원형으로 민다. 반죽 한 장을 케이크 틀에 깔고, 미지근한 온도의 (25℃ 정도) 크림을 채워 넣는다. 나머지 한 장의 반죽으로 덮은 뒤 가장자리에 남는 부분은 잘라낸다. 작은 볼에 달걀을 풀어준 다음 붓으로 케이크 표면에 바른다. 포크로 표면에 줄무늬를 낸다. 160℃로 예열한 오븐에 넣고 40분 정도 구워낸다. 꺼내서 그대로 식힌 뒤 틀을 제거한다.

*farine T55 : p. 14 참조.

SABLÉS

사블레 by 피오나 르뤽, 뱅상 르뤽 & 파티나 파예 FIONA LELUC, VINCENT LELUC ET FATINA FAYE (BONTEMPS)

손으로 집어 먹는 귀여운 과자

이들이 운영하는 파티스리 봉탕(Bontemps)에는 언제나 활기와 즐거움이 가득하다. 달콤한 디저트를 사랑하는 피오나와 뱅상이 자신들의 부티크를 오픈할 때 정한 원칙은 그들이 제일 좋아하는 것만 만들자는 것이었다. 가장 맛있는 것들 중에서도 진정한 정수만을 선보인다는 야심찬 각오다. 시칠리아산 레몬 미니 사블레에서부터 피에몬테산 헤이즐넛으로 만든 잔두야 사블레 타르트, 꽃잎 모양 라즈베리 사블레에 이르기까지, 그들이 만드는 이 과자는 그 종류도 놀랄 만큼 다양할 뿐 아니라 맛도 중독성을 띠고 있으며, 다른 곳에선 흔히 볼 수 없는 독창적인 아이디어가 반짝반짝 빛난다. 그들만의 비밀 레시피는 가히 독보적이라 할 수 있다. 짭짤한 맛이 스치는 가볍고도 파삭한 사블레, 부드럽고 풍부한 맛의 크림은 이곳만의 자랑이다. 봉탕의 파티시에들이 제안하는 '홈메이드 스타일' 레시피로 맛있는 사블레에 도전해보자.

미니 사블레 약 20개분   준비 시간 : 20분 ● 조리 시간 : 15~20분 ● 냉장 시간 : 1시간

재료
상온의 부드러운 버터 170g
슈거파우더 60g
밀가루 200g
소금(플뢰르 드 셀) 1꼬집

만드는 법
상온에 두어 부드러워진 포마드 상태의 버터와 슈거파우더를 전동 스탠드 믹서 볼에 넣고, 크림의 질감이 될 때까지 플랫비터로 돌린다. 볼에 넣고 거품기로 섞어주어도 된다.
밀가루와 소금을 넣고 재료가 섞일 정도로만 혼합한다(너무 오래 치대 섞지 말 것!).

반죽을 꺼내 두 장의 유산지 사이에 놓고 밀대를 사용하여 약 5mm 두께로 민 다음, 냉장고에 1시간 동안 넣어둔다.
원형 쿠키 커터를 사용하여 반죽을 동그란 모양으로 찍어낸다. 더 작은 원형 커터로 가운데를 찍어내 구멍을 만들어준다. 유산지를 깐 베이킹 팬에 링 모양의 반죽을 놓고, 160℃로 예열한 오븐에서 15~20분 구워낸다.

LES NUSSCHNITTLIS

뉘슈니틀리스 by 라울 메데르 RAOUL MAEDER

향신료의 매력이 돋보이는 알자스 디저트

알자스 출신 아버지를 둔 라울 메데르가 고향의 맛에 깊은 관심을 갖게 된 것은 메종 뒤 쇼콜라에서 일을 시작하면서부터다. 특색이 있으면서도 간편하게 어디든지 들고 다닐 수 있는 케이크를 구상하던 그는 결국 자신이 그토록 좋아하는 알자스 전통의 파티스리를 만들어냈다. 이 타르트는 계피 향이 가득한 파트 사블레를 한껏 부풀게 구워내어 겉은 파삭하게 부서지고 속은 촉촉한 질감이 살아 있으며, 먹었을 때 입안이 따뜻해지는 듯한 느낌이 든다. 기분 좋은 식감과 스파이스 향이 결합되어 맛의 여운이 길게 남고, 목구멍의 온도는 높아진다. 알자스의 가장 아름다운 미식 유산 중 하나인 향신료를 사용하는 것이 이곳 디저트의 강점이자 매력 포인트다. 이 맛을 즐기기 위해 많은 이들이 이곳에 몰려온다. 라울은 자신의 파티스리를 충실히 이어가고 있는데, 이 모든 레시피는 그의 아버지에게서 물려받은 것이다. 프루스트의 마들렌처럼 누구나 자신만의 추억의 과자가 있다.

8개 분량　준비 시간 : 45분 ● 조리 시간 : 30분 ● 냉장/휴지 시간 : 36시간

재료

린저 반죽 La pâte linzer
슈거파우더 40g
설탕 40g
흰색 버터 80g
달걀 1개
소금 1꼬집
계피 가루 6g(1티스푼)

헤이즐넛 가루 20g
밀가루 200g
탄산 암모늄(팽창제) 1티스푼

라즈베리 잼
La confiture framboises
라즈베리 잼 120g

뉘슈니틀리스 필링
L'appareil à nusschnittlis
설탕 100g
헤이즐넛 가루 18g
헤이즐넛 슬라이스 18g
아몬드 가루 18g
아몬드 슬라이스 18g

계피 가루 5g
달걀흰자 50g

만드는 법

린저 반죽

전동 스탠드 믹서 볼에 모든 재료를 순서대로 넣고 플랫비터를 돌려 혼합한다. 균일한 반죽이 완성되면 둥글게 뭉쳐 랩으로 밀착시켜 싼 다음 냉장고에 12시간 동안 넣어둔다. 반죽을 2mm 두께로 얇게 민 다음 여러 개의 작은 타르트 링 안에 채워 깔아준다.

라즈베리 잼

각 타르트 안에 라즈베리 잼을 15g씩 채워 넣는다.

뉘슈니틀리스 필링

소스팬에 모든 재료를 넣고 계속 저어가며 가열한다. 끓기 전에 불에서 내린 뒤, 타르트에 채워 넣는다. 상온에서 24시간 건조시킨다. 150℃로 예열한 컨벡션 오븐에 넣어 30분간 굽는다. 틀을 제거한 뒤 서빙한다.

TARTE CHOCOLAT NOIR & ORANGE

오렌지 다크 초콜릿 타르트 by 질 마샬 GILLES MARCHAL (MAISON CHAUDUN)

초콜릿 전문점에 걸맞은 진정한 초콜릿 타르트로 승부하다

파리의 유명한 초콜릿 전문점이자 맞춤형 핸드메이드 초콜릿 몰드의 선구자로 알려진 **메종 쇼뎅**. 이곳의 스타일을 살린 초콜릿 타르트는 언제나 그의 마음속에 자리하고 있었다. 메종 쇼뎅의 질 마샬은 아틀리에를 다시 시작해 자신의 이름을 건 파티스리를 열고 싶어 했다. 몇 달 후 그는 결국 자신의 아틀리에와 메종 쇼뎅 두 곳을 모두 맡게 된다. 그 장소가 어디든, 초콜릿을 열정적으로 좋아하는 이 파티시에의 이름은 빛나게 마련이다. 입에서 사르르 녹는 식감과 대리석처럼 반짝이는 비주얼을 자랑하는 그의 초콜릿 타르트는 초콜릿 디저트를 대표하는 기준이라고 할 수 있다. 창업자 미셸 쇼뎅은 한동안 케이크 제작을 중단한 적이 있다. 하지만 질 마샬은 온전한 쇼콜라티에 스타일로 이를 다시 부활시키는 데 성공했다. 맛이 따라주기만 한다면 그는 사람들이 첫눈에 반해 눈을 뗄 수 없을 정도로 아름다운 보석같은 케이크를 좋아한다. 여기 소개된 그의 초콜릿 타르트는 맛과 비주얼이라는 두 가지 요소를 모두 충족시킨 완성도 높은 디저트다. 노릇하게 구운 파트 쉬크레, 다크 초콜릿 크렘 앙글레즈의 달콤하고 부드러우면서도 진한 카카오 풍미, 시드리스 콩피의 새콤한 킥, 그리고 이것을 모두 감싸는 글라사주가 완벽한 히모니를 이룬디. 오랫동안 마음속에 남을 만한 디저트다.

6인분 준비 시간 : 1시간 30분 ● 휴지 시간 : 28시간 ● 조리 시간 : 25분

재료

파트 쉬크레 La pâte sucrée
무염 버터 (beurre doux AOC) 150g
슈거파우더 120g
고운 아몬드 가루 30g
달걀 1개
부르봉 바닐라 빈 ¼줄기
고운 소금 1꼬집
유기농 밀가루(박력분 T45*) 300g

다크 초콜릿 크림
Le crémeux au chocolat noir grand cru
우유 125g
생크림 125g
달걀노른자 2개
다크 초콜릿 190g
(Caraïbe de Valrhona 66%)

카카오 글라사주
Le glaçage cacao
판 젤라틴 10g
생수 180g
설탕 200g
코코아 가루 70g
생크림(유지방 35%) 125g

완성하기 Montage et finition
오렌지 껍질 콩피
오렌지 크림
(Crème d'orange de Sovéria)
식용 금박

만드는 법

파트 쉬크레
버터를 잘게 자른 후 슈거파우더와 아몬드 가루를 넣고 섞는다. 달걀과 바닐라, 소금, 밀가루를 넣고 균일한 반죽이 될 때까지 잘 혼합한다. 반죽을 유산지 두 장 사이에 놓고 밀대를 사용하여 3mm 두께로 얇게 민 다음, 냉장고에 2시간 동안 보관한다. 지름 18cm, 높이 2cm 크기의 타르트 링 안쪽에 버터를 바른다. 반죽을 냉장고에서 꺼내 지름 22cm 크기의 원형으로 자른 다음, 타르트 틀에 깔아준다. 가장자리를 매끈하게 다듬고 냉장고에 넣어 24시간 휴지시킨다. 150℃로 예열한 오븐에 넣고 25분간 구워낸다.

다크 초콜릿 크림
소스팬에 우유와 생크림을 넣고 가열한다. 끓으면 달걀노른자에 붓고 잘 섞어서 다시 소스팬에 옮겨 넣는다. 약불에 올려 83℃가 될 때까지 계속 저으면서 익혀 크렘 앙글레즈를 만든다. 주걱으로 들어 올렸을 때 흐르지 않고 묻어 있을 정도로 농도가 되직해지면 완성된 것이다. 크림을 체에 걸러 잘게 다진 초콜릿 위에 붓고 1분간 녹인다. 실리콘 주걱으로 잘 저어 섞어 매끈하고 윤기나게 만든다.

*farine T45 : p. 22 참조

카카오 글라사주
판 젤라틴을 찬물에 넣어 불린다. 소스팬에 생수와 설탕, 코코아 가루, 생크림을 넣고 계속 저어주며 105℃까지 끓인다. 물기를 꼭 짠 젤라틴을 뜨거운 글라사주에 넣고 잘 혼합한다.

완성하기
오렌지 크림을 짤주머니에 넣고(8mm 원형 깍지) 구워 놓은 타르트 시트 바닥에 짜 넣어 1mm 두께로 얇고 고르게 깔아준다. 오렌지 콩피를 작은 큐브 모양으로 썰어 군데군데 고루 놓는다.
그 위에 다크 초콜릿 크림을 타르트 위로 약간 수북하게 올라올 정도로 가득 채워 넣는다. 냉장고에 1시간 정도 넣어둔다. 글라사주를 35~38℃ 정도로 데운다. 타르트 전체를 글라사주로 덮어 매끈하게 만든 다음, 진열용 받침에 올려놓는다. 길쭉하게 자른 오렌지 콩피와 금박을 얹어 장식한다. 먹을 때까지 냉장고에 보관한다.

ROSEMARY

로즈마리 by 나탈리 로베르 & 디디에 마트레 NATHALIE ROBERT ET DIDIER MATHRAY (PAIN DE SUCRE)

"진부하게 들릴지도 모르지만, 우리는 요리하듯 파티스리를 만듭니다."

디디에는 12년, 나탈리는 6년 동안 피에르 가니에르의 주방에서 경력을 쌓았다. 그곳에서 일하면서 이들은 마치 요리를 하는 것처럼 간을 맞추고, 오래 끓이기도 하고, 향을 우려내는 과정을 거치면서 파티스리를 만들어냈다. 요리와 파티스리의 경계를 넘나드는 유연한 작업방식을 선호한 이들은 자신들의 부티크인 **팽 드 쉬크르**에서도 이처럼 소중하고도 필연적인 방식을 고수해 나가고 있다. 레스토랑 디저트를 일반 파티스리에서도 즐길 수 있는 그들의 업장은 2004년 개점했는데, 파리 센강 우안에서 이 분야의 선두주자로 꼽혀왔다. 이곳의 파티스리는 장식마저도 그 구성에 있어 존재감이 뚜렷하다. 여기 소개된 로즈마리 케이크에서도 아몬드와 라즈베리, 로즈마리로 구성된 데코레이션을 통해 한눈에 이 디저트를 이루고 있는 재료를 알 수 있도록 했다. 세심한 작업의 종합적 결과물인 이 디저트는 아마도 이 두 파티시에의 정체성과 특징을 이해하기 위해서 가장 먼저 맛보아야 하는 것이 아닐까 한다. '왜 로즈마리를 디저트에 응용했을까?'라는 의문을 갖는 사람들에게, 디디에와 나탈리는 자신들이 창의적으로 응용한 것이 아니라 허브류는 본래 잼이나 콤포트, 리큐르 등 달콤한 음식에 주로 사용되어 왔다고 귀띔한다. 이 케이크는 가장 먼저 오렌지 블러섬 워터의 향기가 입안을 감싸고 루바브와 아몬드의 맛을 즐길 수 있는가 하면 라즈베리의 새콤함이 산뜻하게 다가온다. 그리고 이어서 바삭한 사블레의 식감과 로즈마리 향이 마무리를 장식한다. 놀라운 맛과 향의 디저트다.

8인분 준비 시간 : 1시간 ● 조리 시간 : 15분 ● 냉장 시간 : 12시간

재료

아몬드 로즈마리 사블레
Le sablé amande et romarin
레몬 제스트 간 것 ¼개분
로즈마리 잘게 다진 것 5g
버터 80g
슈거파우더 40g
소금(플뢰르 드 셀) 2g
밀가루 90g
아몬드 가루 40g

로즈마리 향을 낸 루바브 라즈베리 콤포트
La pulpe de rhubarbe et framboise au romarin
판 젤라틴 4장
루바브 500g
라즈베리 60g
설탕 85g
로즈마리 1줄기
화이트 초콜릿 20g
브리오슈 150g

아몬드 밀크 크림
Le crèmeux orgeat
판 젤라틴 3g
우유 50g
가당 아몬드 밀크 100g
오렌지 블러섬 워터 20g
휘핑한 크림 160g

완성하기 Montage et finition
신선한 라즈베리
로즈마리
아몬드

만드는 법

아몬드 로즈마리 사블레
레몬 제스트와 다진 로즈마리에 버터, 설탕, 소금을 넣고 부드러운 포마드 상태가 되도록 잘 저어 균일하게 혼합한다. 밀가루와 아몬드 가루를 넣고 섞은 후 30분간 냉장고에 넣어 휴지시킨다. 반죽을 18cm×18cm의 정사각형으로 밀어, 150℃로 예열한 오븐에서 15분간 구워낸다.

로즈마리 향을 낸 루바브 라즈베리 콤포트
젤라틴을 찬물에 넣어 불린다. 루바브는 깨끗이 씻어 1cm 크기로 송송 썰어둔다. 소스팬에 루바브와 라즈베리, 설탕, 로즈마리를 넣고 끓인다. 뚜껑을 덮고 약한 불에서 뭉근히 끓여 콤포트를 만든다. 로즈마리 줄기를 건져낸 다음, 화이트 초콜릿과 물을 꼭 짠 젤라틴을 넣고 블렌더로 갈아준다. 상온으로 식힌다.
가로 세로 18cm, 높이 5cm의 사각 프레임 틀에, 구워 놓은 사블레를 맨밑에 깐다. 브리오슈를 부수어 넉넉히 얹고 마치 스펀지 층처럼 꼭꼭 눌러준다. 그 위에 액체 상태의 루바브 라즈베리 콤포트를 붓고 냉장고에 넣어 굳힌다.

아몬드 밀크 크림
젤라틴을 찬물에 넣어 불린다. 우유를 데우고, 물을 꼭 짠 젤라틴을 넣어 잘 섞은 뒤, 가당 아몬드 밀크와 오렌지 블러섬 워터를 넣는다. 여기에 휘핑한 크림을 넣고 살살 섞은 다음, 사각틀의 라즈베리 콤포트 굳은 층 위에 펴 얹고 다시 냉장고에 몇 시간 넣어둔다.

완성하기
로즈마리 케이크의 사각틀을 조심스럽게 제거한 다음, 뜨겁게 달군 칼로 9등분한다. 라즈베리, 아몬드, 로즈마리 잎을 얹어 장식한다.

KOSMIK MILLEFEUILLE

코스믹 밀푀유 by 크리스토프 미샬락 CHRISTOPHE MICHALAK

우아한 레스토랑 디저트의 경쾌하고 위트 있는 변신, 코스믹

많은 동료의 존경을 한 몸에 받고 있는 크리스토프 미샬락은 기존에 있는 것들을 답습하기보다는 무언가 달라진 참신한 시도를 해보고자 하는 열망이 가득했다. 포숑, 피에르 에르메, 라뒤레와 호텔 플라자 아테네 등 최고의 업장에서 오랜 기간 경력을 쌓은 그는 현재 자신만의 부티크를 운영하며 맛, 간편한 이동성, 밸런스에 축을 둔 디저트를 만들어내고 있다. 코스믹을 개발해내는 데는 2년이라는 세월이 걸렸다. 이 디저트의 장점은 어디서도 손쉽게 먹을 수 있다는 점이다. 단순히 유리병에 층층으로 쌓아올려 만든 베린(verrine) 혹은 보틀 케이크와는 확실하게 차별화되는 미샬락의 코스믹은 제대로 된 레스토랑 디저트다. 세심하고 정교하게 공들여 만든 크림, 더 많이 부풀도록 구워낸 다쿠아즈, 식감의 대조를 위한 크런치, 크리스피 재료들, 이 모든 것을 영리하게 올려 배열하는 순서 등 담는 용기만 작은 병일 뿐, 그 구성과 맛은 마치 레스토랑에서 접시에 담아 서빙하는 우아한 디저트와 다름없다.

코스믹 10개 분량　준비 시간 : 1시간 30분 ● 휴지 시간 : 12시간 ● 조리 시간 : 1시간

재료

솔티드 캐러멜
Les éclats de caramel salé
설탕 120g
소금(플뢰르 드 셀) 1.2g

바닐라 크렘 디플로마트
La crème diplomate à la vanille
크렘 파티시에 Crème pâtissière
우유 280g
바닐라 가루 6.6g
바닐라 빈 1줄기

통카 빈 알갱이 반 개
달걀노른자 60g
설탕 43g
커스터드 분말 1.8g
고운 소금 0.2g
버터 22.4g

화이트 초콜릿 바닐라 샹티이 크림
Crème chantilly ivoire vanille
생크림 174g
옥수수 시럽 8g
트리몰린(전화당) 8g
바닐라 빈 1.5줄기

고운 소금 1g
파스티스(Pastis, 아니스 향의 독한 식전 주로 물에 희석해서 마신다) 1g
화이트 커버처 초콜릿 32g
(Opalys de Valrhona)

화이트 초콜릿 바닐라 샹티이 크림
La crème chantilly ivoire et vanille
생크림 416g
옥수수 시럽 20g
트리몰린(전화당) 20g

바닐라 빈 3줄기
바닐라 가루 2g
고운 소금 1g
파스티스(Pastis) 1g
화이트 커버처 초콜릿 78g
(Opalys de Valrhona)

캐러멜라이즈드 푀유타주
Le feuilletage caramélisé
파트 푀유테 반죽(40×60cm) 1장
슈거파우더

만드는 법

솔티드 캐러멜
소스팬에 설탕을 넣고 약한 불로 가열한다. 설탕이 녹으면서 갈색을 띠기 시작하면 소금을 넣고 유산지 위에 쏟는다. 굳으면 믹서로 갈아 알갱이로 부순다.

바닐라 크렘 디플로마트
크렘 파티시에
소스팬에 우유와 바닐라 가루, 길게 갈라 긁은 바닐라 빈, 통카 빈 간 것을 넣고 가열한다. 볼에 달걀노른자와 설탕, 커스터드 분말을 넣고 흰색이 날 때까지 거품기로 저어 혼합한다. 우유가 끓으면 불에서 내리고 체에 거르면서 혼합물에 부어 잘 섞은 후, 다시 소스팬에 붓고 불에 올린다. 약한 불에서 계속 저어주며 가열하여 88℃에 이르면 불에서 내리고 소금과 깍둑 썬 버터를 넣고 잘 섞어 온도를 35℃까지 식힌다. 냉장고에 보관한다.

화이트 초콜릿 바닐라 샹티이 크림
생크림에 옥수수 시럽, 전화당, 바닐라 빈 긁은 가루, 소금, 파스티스를 넣고 가열한다. 끓으면 바로 불에서 내리고 뚜껑을 덮은 상태로 10분간 향이 우러나게 둔다. 체에 걸러 초콜릿에 부은 후, 핸드블렌더로 갈아 냉장고에 2시간 넣어둔다. 거품기로 휘핑해 차가운 샹티이를 만든다. 만들어 놓은

크렘 파티시에를 거품기로 풀어준 다음 휘핑한 바닐라 샹티이를 넣고 살살 섞어준다. 짤주머니에 채워 냉장고에 보관한다.

화이트 초콜릿 바닐라 샹티이 크림
위의 방법과 동일하게 만든다. 바닐라 가루를 추가로 더 넣는다. 차가운 크림을 거품기로 휘핑한 다음, 짤주머니에 넣어 냉장고에 보관한다.

캐러멜라이즈드 푀유타주
준비한 파트 푀유테를 유산지를 깐 베이킹 팬에 놓고 또 한 장의 유산지와 베이킹 팬으로 덮어 굽는 동안 부풀어 오르지 않게 누른다. 170℃로 예열한 오븐에서 35분간 굽는다. 베이킹 팬을 뒤집어 다시 8분간 굽는다. 위에 얹은 베이킹 팬을 제거한 뒤, 설탕을 골고루 뿌리고 5분간 굽는다. 5cm×5cm 정사각형으로 자른 다음, 220℃ 오븐에 넣어 표면을 캐러멜라이즈한다.

완성하기
베린용 유리병 맨 밑에 솔티드 캐러멜 부순 것을 12g씩 깔고, 짤주머니로 바닐라 크렘 디플로마트를 60g 짜 얹는다. 그 위에 화이트 초콜릿 바닐라 샹티이 크림을 50g 짜 넣은 다음, 맨 위에 캐러멜라이즈드 푀유타주를 얹어 마무리한다.

CHEESECAKE FRAISE DES BOIS & RHUBARBE

야생딸기 루바브 치즈케이크 by 지미 모르네 JIMMY MORNET (PARK HYATT PARIS-VENDÔME)

완벽에 가까운 완성도, 특별히 주목해야 할 케이크

말은 쉬워도 실제로 행동에 옮기기는 쉽지 않다. 지미 모르네 셰프는 그가 생각하고 공언한 대로 설탕 양을 줄인 더욱 가벼운 맛의 케이크를 만들어내고 있다. 이러한 신선한 시도는 그가 만든 디저트의 외형을 보아도 느낄 수 있다. 예를 들어 여기 소개된 치즈케이크의 경우, 우리가 일반적으로 알고 있는 본래의 모습을 고수했더라면 이와 같은 균형감을 이루지 못했을 것이다. 최대한 과일의 존재감을 부각시키기 위해 그는 치즈케이크를 중앙에 배치하고 표면을 완벽하게 과일로 덮었다. 다름 아닌 야생 숲 딸기다. 이것은 일반 딸기와는 전혀 다른 맛을 내는 작은 크기의 섬세한 베리로, 모르네 셰프가 특별히 좋아하는 과일이다. 이 케이크를 입에 넣으면 우선 루바브 콤포트의 새콤한 맛이 입안을 가득 채우고, 치즈케이크가 주는 부드러움이 이어진다. 그리고 풍성한 양의 상큼한 야생딸기가 가볍고 향기로운 마무리를 장식한다. 먹는 내내 조용히 존재감을 보이는 비스퀴 시트는 아주 부드러우며, 이 케이크의 모든 요소를 조화롭게 이어주는 중요한 연결 고리 역할을 하고 있다. 우리가 꼭 주목해야 할 과일 케이크다.

6인분　준비 시간 : 1시간 30분　●　조리 시간 : 1시간 15분　●　휴지 시간 : 24시간

재료

헤이즐넛 스트로이젤(소보로)
Le streusel noisettes
밀가루 40g
설탕 40g
헤이즐넛 가루 40g
버터 40g
소금 1g

케이크 시트 Le fond reconstitué
화이트 초콜릿 20g
카카오 버터 20g
헤이즐넛 스트로이젤 140g
퓌유틴 크리스피 과자 15g

치즈케이크 베이스
L'appareil à cheesecake
판 젤라틴 2장
필라델피아 크림치즈 250g
밀가루 10g
설탕 80g
달걀 1개
달걀노른자 1개

루바브 콤포트
La compotée de rhubarbe
루바브 125g
바닐라 빈 ½줄기
비정제 황설탕 20g
펙틴 1g

완성하기 Montage et finition
야생딸기(fraise des bois) 200g
슈거파우더

만드는 법

헤이즐넛 스트로이젤
재료를 모두 볼에 넣고 균일하게 섞어 반죽한다. 두 장의 유산지 사이에 놓고 밀대로 얇게 민다. 위에 덮은 유산지를 떼어낸 다음 160℃로 예열한 오븐에 넣어 15분간 굽는다. 식힌 다음 믹서로 거칠게 간다.

케이크 시트
화이트 초콜릿과 카카오 버터를 함께 녹인다. 갈아 놓은 스트로이젤과 크리스피 퓌유틴을 넣고 섞는다. 혼합물을 유산지 두 장 사이에 놓고 5mm 두께로 민 다음 냉장고에 넣어둔다. 지름 6cm 원형 커터로 잘라낸다.

치즈케이크 베이스
판 젤라틴을 찬물에 담가 20분 정도 불린다. 재료를 모두 혼합한다. 젤라틴을 건져 물을 꼭 짠 뒤 전자레인지에 살짝 돌려 녹인 다음 혼합물에 넣어 섞는다.

루바브 콤포트
소스팬에 잘게 썬 루바브와 길게 갈라 긁은 바닐라 빈 1/2줄기, 펙틴 가루와 미리 섞어 놓은 황설탕을 넣고 약한 불에 끓여 콤포트를 만든다. 지름 2cm 크기의 반구형 몰드에 채워 넣은 뒤 냉동실에 넣는다.

완성하기
지름 4cm 크기의 반구형 몰드에 치즈케이크 베이스 혼합물을 ¾정도 채워 넣고, 얼려둔 반구형 루바브 콤포트를 중앙에 넣는다. 90℃ 오븐에 넣어 1시간 동안 굽는다. 냉동시켜 굳힌 후 틀에서 분리한다. 반구형 두 개를 붙여 둥글게 만든 다음, 지름 6cm 원형으로 잘라 둔 케이크 시트 위에 올린다. 야생딸기로 전체를 덮고 슈거파우더를 뿌려 완성한다.

100 % VANILLE

100% 바닐라 by 앙젤로 뮈자 ANGELO MUSA (PLAZA ATHÉNÉE)

맛은 물론이고 우아함과 감동까지 선사하는 세련된 파티스리

호텔 플라자 아테네의 셰프 파티시에 앙젤로 뮈자는 최근 몇 년 동안 탄탄한 실력으로 절대적인 맛과 감동을 주는 놀라운 디저트 메뉴를 만들어내고 있다. 넉넉한 마음과 넘치는 섬세함을 지닌 앙젤로 셰프가 만드는 파티스리는 정확하고 완성도가 높은 것으로 정평이 나 있다. 그는 주로 한 가지 맛과 향에 집중하는데 그것은 바닐라, 초콜릿, 경우에 따라서는 과일이 될 수도 있다. 식감의 변주를 주어 대비의 묘를 살리긴 하지만, 맛에 있어서는 주제로 선택한 재료 이외에 다른 요소는 거의 사용하지 않는다. 바닐라 비스퀴, 바닐라 크리스피와 짭조름한 킥을 주는 소금 플뢰르 드 셀, 바닐라 크림과 바닐라 무스로 구성된 '100% 바닐라' 케이크는 단일 맛을 표현하는 아름다운 디저트의 대표 메뉴로, 최강의 달콤함과 부드러움을 선사한다. 한 스푼을 입에 넣으면 전체적으로 부드러운 텍스처와 진한 바닐라 맛이 입안을 가득 채우고 그 뒤로 가벼운 바닐라 무스, 좀 더 밀도 있는 바닐라 크림이 이어진다. 마지막으로 비스퀴 시트와 아몬드 크리스피가 씹는 즐거움을 주며 밸런스를 이루고, 이 모든 풍미는 플뢰르 드 셀의 짭조름한 맛으로 더 살아나 오래도록 여운을 남긴다. 금세 또 다시 한 스푼을 떠먹고 싶어진다.

4인분   준비 시간 : 2시간 ● 조리 시간 : 35분 ● 냉장 시간 : 6시간

재료

바닐라 아몬드 크리스피	바닐라 비스퀴	바닐라 무스	완성하기 Montage et finition
Le croustillant amande vanille	Le biscuit à la vanille	La mousse à la vanille	바닐라 가루
껍질 벗긴 흰 아몬드 102g	아몬드 가루 75g	판 젤라틴 2장	
무염 버터 7g	비정제 황설탕 45g	바닐라 빈 4줄기	
화이트 초콜릿 65g	달걀흰자(1) 30g	생크림 75g	
바닐라 빈 1½ 줄기	달걀노른자 40g	설탕 10g	
소금(플뢰르 드 셀) 1꼬집	바닐라 빈 1줄기	달걀노른자(1) 40g	
퓌유틴(크리스피 레이스 비스킷) 35g	천연 바닐라 에센스 4g	화이트 초콜릿 118g	
	고운 소금 1꼬집	물 40g	
	생크림 20g	옥수수 시럽 9g	
	무염 버터 63g	달걀노른자(2) 40g	
	전화당 또는 꿀 17g	생크림 178g	
	달걀흰자(2) 90g		
	비정제 황설탕 25g		
	밀가루 38g		
	베이킹파우더 2g		

100 % VANILLE

100% 바닐라 by 앙젤로 뮈자 ANGELO MUSA (PLAZA ATHÉNÉE)

만드는 법

바닐라 아몬드 크리스피

베이킹 팬에 아몬드를 펼쳐 놓고 150℃ 오븐에서 20분간 로스팅한 다음 꺼내서 식힌다. 버터와 화이트 초콜릿을 녹인 뒤 바닐라 빈 긁은 가루와 소금을 넣어 잘 혼합한다. 식힌 아몬드를 푸드 프로세서에 넣고 되직한 페이스트가 되도록 갈아준다. 여기에 버터, 초콜릿, 바닐라, 소금 혼합물을 넣고 몇 초간 더 돌려 균일하게 섞어준다. 볼에 쏟고 크리스피 퍼유틴을 넣은 뒤 실리콘 주걱으로 살살 섞는다. 유산지 두 장 사이에 펼쳐 놓고 밀대를 사용하여 2mm 정도 두께로 얇게 민다. 냉장고에 최소한 1시간 이상 넣어두어 굳힌다.

바닐라 비스퀴

볼에 아몬드 가루, 황설탕, 달걀흰자(1), 달걀노른자, 길게 갈라 긁은 바닐라 빈, 바닐라 에센스, 소금을 모두 넣고 주걱으로 잘 혼합한다. 소스팬에 생크림, 버터, 전화당을 넣고 살짝 데운 다음, 볼 안의 혼합물에 붓고 잘 섞는다. 전동 스탠드 믹서 볼에 달걀흰자(2)를 넣고 거품기로 돌려 휘핑한다. 황설탕을 넣어가며 거품을 올려 부드러운 질감의 머랭을 만든다. 머랭의 1/3을 실리콘 주걱으로 덜어 볼 안의 혼합물에 넣고 살살 섞는다. 베이킹파우더와 함께 체에 친 밀가루를 솔솔 뿌려 넣고 섞는다. 나머지 흰자 머랭 2/3를 넣고 조심스럽게 살살 섞는다. 유산지를 깐 베이킹 팬에 L자형 스패출러를 사용하여 비스킷 반죽을 넓게 펴 놓은 다음, 170℃ 오븐에서 15분간 굽는다. 노릇한 색이 나도록 구워져야 한다. 바닐라 아몬드 크리스피 윗면의 유산지를 떼어낸 다음, 그 면을 오븐에서 꺼낸 뜨거운 비스퀴 위에 대고 얹는다. 손으로 눌러 평평하게 붙여준다. 냉장고에 최소 1시간 이상 넣어둔다. 지름 4cm 크기의 원형 커터로 자른 다음 냉장고에 보관한다.

바닐라 무스

판 젤라틴을 찬물에 담가 불린다. 뜨겁게 데운 생크림에 바닐라 빈을 긁어 넣어 20분간 향을 우려낸 다음 체에 거른다. 여기에 설탕과 달걀노른자(1)를 넣어 거품기로 잘 섞고, 다시 약한 불에 올려 계속 저어주며 82℃까지 익힌다. 물을 꼭 짠 젤라틴을 넣고 잘 섞는다. 이 뜨거운 크렘 앙글레즈를 녹인 초콜릿에 붓고, 핸드 블렌더로 갈아 균일한 질감이 되도록 완전히 혼합한다. 바닐라 가나슈가 완성되었다. 30℃가 될 때까지 식힌다. 그동안 물과 옥수수 시럽을 가열해 끓으면 바로 불에서 내려 달걀노른자(2)에 붓고 잘 섞은 다음, 다시 불에 올려 82℃까지 계속 저으며 가열한다. 이 사바용을 전동 스탠드 믹서 볼에 옮겨 붓고, 완전히 식을 때까지 거품기로 돌린다. 다른 믹싱볼에 생크림을 넣고 거품기에 묻어 흘러내리지 않는 농도가 되도록 휘핑한다. 30℃로 식은 바닐라 가나슈에 휘핑한 크림의 1/3을 넣고 섞는다. 여기에 사바용의 1/3을 넣고 잘 섞은 다음, 마지막으로 휘핑한 크림 나머지와 사바용을 모두 넣고 잘 혼합한다.

완성하기

유산지를 깐 쟁반 위에 지름 8cm, 높이 5cm 크기의 스텐 무스 링 4개를 놓고, 바닐라 무스를 각각 2/3씩 채운다. 중간에 원형으로 자른 비스킷과 크리스피를 넣는다. 냉동실에 최소 4시간 동안 넣어둔다. 차가운 100% 바닐라 케이크를 꺼낸 뒤 손으로 링을 조금 녹여 틀을 제거한 다음, 접시에 담는다. 시중에서 판매하는 바닐라 가루를 솔솔 뿌려 장식한다. 바닐라 가루는 가정에서도 쉽게 만들 수 있다. 길게 갈라 속을 긁어내 사용한 바닐라 빈 줄기를 불을 끈 상태의 오븐에서 여열로 하룻밤 건조시킨 뒤 푸드 프로세서로 곱게 분쇄해 사용하면 된다.

ANGEL CAKE AU CHOCOLAT

초콜릿 엔젤 케이크 by 니콜라 파시엘로 NICOLAS PACIELLO (PRINCE DE GALLES, A LUXURY COLLECTION HOTEL)

"나의 목표는 사람들이 보자마자 먹고 싶은 마음이 드는 케이크를 만드는 것이다."

셰프 파티시에 니콜라 파시엘로는 "파티시에란 언제나 맛있는 디저트를 선보이는 직업이다."라고 늘 말하곤 한다. 그가 만드는 디저트에서 비주얼은 최우선 목표가 아니다. 그저 단순하고 자연스러운 모습의 케이크지만 일단 한 번 먹어 보면 그 맛에 놀란다. 그는 고객에게 최고의 맛을 선사한다는 목표를 출발점으로 해 모든 케이크를 만든다. 크리스마스 시즌용으로 만든 초콜릿 엔젤 케이크는 그 모양은 무척 단순하지만 일단 한 번 잘라 먹어보면 반전의 매력이 넘친다. 초콜릿 크림, 촉촉한 스펀지 베이스와 그 속에서 흘러나와 스푼을 가득 채우는 초콜릿, 마지막으로 바삭한 파트 쉬크레로 구성된 이 케이크는 풍부한 맛의 조화를 이룬다. 니콜라에게 있어 맛있는 파티스리란 결코 가벼운 맛으로는 승부할 수 없는 것이다.

1인용 사이즈 케이크 12개 분량　준비 시간 : 1시간 30분　● 조리 시간 : 15분　● 냉장 시간 : 6시간 15분

재료

카카오 파트 쉬크레
La pâte sucrée au cacao
버터 450g
슈거파우더 420g
달걀노른자 320g
밀가루(박력분 T45*) 800g
코코아 가루 200g

제누아즈 스펀지 La génoise
달걀노른자 65g
설탕(1) 35g
물 90g
포도씨유 45g
밀가루(박력분 T45) 65g
코코아 가루 20g
베이킹파우더 2g
달걀흰자 160g
설탕(2) 40g

초콜릿 크림
Le crémeux au chocolat
판 젤라틴 9g
생크림(UHT, 유지방 35%) 960g
우유 960g
달걀노른자 225g
설탕 90g
커버처 초콜릿 675g
　(Manjari de Valrhona)

초콜릿 글라사주
Le glaçage au chocolat
카카오 버터 100g
커버처 초콜릿 100g
　(Manjari de Valrhona)

완성하기 Montage et finition
식용 골드 파우더

만드는 법

카카오 파트 쉬크레
전동 스탠드 믹서 볼에 버터와 설탕을 넣고 플랫비터로 돌려 섞는다. 균일한 크림 질감이 되도록 혼합한 뒤, 달걀노른자를 넣고 섞는다. 체에 친 밀가루와 코코아 가루를 넣고 섞는다. 반죽이 균일하게 혼합되어 믹싱볼 벽에 더 이상 붙지 않을 정도가 되면 꺼내서 두 장의 유산지 사이에 놓고 밀대로 얇게 민다. 지름 5cm 원형 커터로 잘라낸 다음 170℃ 오븐에서 20분간 굽는다.

제누아즈 스펀지
볼에 달걀노른자, 설탕, 물, 포도씨유를 넣고 잘 섞는다. 밀가루와 코코아 가루, 베이킹파우더를 체에 쳐 혼합물에 섞는다. 전동 스탠드 믹서 볼에 달걀흰자를 넣고 거품기를 돌린다. 설탕(2)을 넣어가며 거품을 올린 다음 혼합물에 넣고 실리콘 주걱으로 조심스럽게 섞는다. 원통형 브리오슈 틀에 채워 넣고 165℃ 오븐에서 25분간 굽는다. 오븐에서 꺼낸 뒤 몰드에 그대로 둔 채 거꾸로 놓고 식힌다. 작은 스패츌러를 이용해 틀에서 분리한 뒤, 지름 5.5cm, 높이 3cm 크기로 자른다. 지름 2cm 크기의 튜브로 중앙에 구멍을 뚫어준다.

초콜릿 크림
판 젤라틴을 찬물에 넣고 불린다. 크렘 앙글레즈를 만든다. 우선 소스팬에 생크림과 우유를 끓인다. 볼에 달걀노른자와 설탕을 흰색이 날 때까지 거품기로 혼합한 뒤 끓는 우유를 조금 부어 잘 섞는다. 다시 소스팬에 옮겨 붓고 계속 잘 저어가며 83℃가 될 때까지 약불로 가열한다. 잘게 다진 초콜릿에 뜨거운 크렘 앙글레즈를 붓고 잘 섞어 가나슈를 만든다. 잘 저어 균일하게 완전히 섞이면 용기에 덜어 랩으로 밀착시켜 덮은 뒤 냉장고에 6시간 넣어둔다. 짤주머니에 크림을 넣고 스펀지 시트 중앙의 2cm 구멍에 짜 넣는다. 나머지 크림으로 제누아즈 스펀지를 빙 둘러 뾰족한 모양으로 짜준다. 냉동실에 15분 넣어둔다.

초콜릿 글라사주
카카오 버터와 초콜릿을 중탕으로 녹인다. 40℃ 온도에서 스프레이건에 넣어 케이크 표면 전체에 고루 분사한다.

완성하기
케이크를 접시에 담아 서빙한다.

*farine T45 : p. 22 참조

ENTREMETS MADELEINE

앙트르메 마들렌 by 프랑수아 페레 FRANÇOIS PERRET (LE RITZ PARIS)

발끝을 들고 사뿐사뿐 걷는 듯한 첨예한 테크닉의 파티스리

파리에서 가장 아름다운 장소 중 하나인 **호텔 리츠**에는 그에 걸맞은 셰프 파티시에가 있다. 끝없이 샘솟는 영감으로 언제나 개성 있는 디저트를 만들어내는 프랑수아 페레는 마치 작가 마르셀 프루스트와 초현실주의 미술가 르네 마그리트의 미친 조합이라고도 표현할 수 있을 만한 마들렌 모양의 인상적인 디저트로 리츠 입성을 알렸다. 겉모습만 보면 프랑스의 전통적인 티타임 과자인 마들렌과 꼭 닮아 있는 이 디저트는 사실 단면을 잘라보면 상상하지 못한 반전이 등장한다. 또 한 가지 깜짝 놀랄 만한 점은 묵직해 보이는 커다란 모양과는 전혀 상반되는 가벼운 식감과 맛이다. 호기심으로 마음이 설레는 이 디저트를 두 단계로 맛있게 공략해보자. 우선 접시에 서빙된 케이크를 나이프를 들고 세로로 길게 자른다. 그 다음 포크를 사용하여 플레인 생크림이 들어 있는 케이크 한 조각을 밤나무 꿀로 만든 캐러멜에 묻혀 입안에 넣고 이 모든 맛이 혼연일체가 되는 것을 즐긴다. 1인분은 평균 이렇게 6번 정도 맛있게 잘라 먹을 수 있다. 이것은 상상을 뛰어넘는 새로운 파티스리 접근법으로 과감한 시도를 성공적으로 이루어낸 황홀한 디저트다.

마들렌 3개(약 6인분) 준비 시간 : 2시간 ● 조리 시간 : 14분 ● 냉장 시간 : 12시간

재료

바닐라 시럽
Le sirop à la vanille
물 150g
설탕 40g
부르봉 바닐라 빈 1줄기

사부아 비스퀴
Le biscuit de Savoie
달걀 120g
설탕 110g
녹인 버터 60g
밀가루(박력분 T45*) 80g
감자 전분 40g
베이킹파우더 4g
아몬드 슬라이스 40g

무스 샹티이
La mousse chantilly
판 젤라틴 1.5장
휘핑한 생크림 380g
(생크림 ⅓ + 휘핑한 생크림 ⅔)
부르봉 바닐라 빈 1줄기
크렘 파티시에 60g
판 젤라틴 3장

캐러멜 크림
Le crémeux caramel
판 젤라틴 4g
아카시아 꿀 100g
밤나무 꿀 120g
옥수수 시럽 150g

생크림 550g
부르봉 바닐라 빈 가루 2꼬집
달걀노른자 140g
밀크 초콜릿(Tannéa) 200g

금색 코팅
L'appareil à flocage or
카카오 버터 200g
화이트 초콜릿(Opalys) 200g
밀크 초콜릿(Tannéa) 20g
노란색 식용 색소 2g
식용 골드 펄 가루 적당량

초콜릿 코팅
L'appareil à flocage chocolat
카카오 버터 125g
다크 초콜릿(Carupano) 105g
카카오 페이스트 40g

*farine T45 : p.22 참조

ENTREMETS MADELEINE

앙트르메 마들렌 by 프랑수아 페레 FRANÇOIS PERRET (LE RITZ PARIS)

만드는 법

바닐라 시럽

소스팬에 물과 설탕을 넣고 끓으면 불에서 내린 후, 길게 갈라 긁은 바닐라 빈 줄기를 넣는다. 뚜껑을 닫고 1시간 향을 우려낸다. 시원한 곳에 보관한다.

사부아 비스퀴

전동 스탠드 믹서 볼에 달걀과 설탕을 넣고 거품기를 돌려 섞는다. 뜨겁게 녹인 버터를 넣고 섞는다. 밀가루와 감자 전분, 베이킹파우더를 함께 체에 친 뒤 넣고 실리콘 주걱으로 잘 섞는다. 마들렌 틀(12cm×4cm×4cm)에 버터를 발라둔다. 혼합물을 짤주머니에 넣고 마들렌 틀에 짜 채워 넣는다. 아몬드 슬라이스를 넉넉히 뿌린 뒤, 160℃ 오븐에서 14분 굽는다. 마들렌이 식은 후, 붓으로 바닐라 시럽을 촉촉이 발라준다.

무스 샹티이

판 젤라틴을 찬물에 넣어 불린다. 생크림 분량의 1/3을 따뜻하게 데운 뒤 바닐라를 넣어 향을 우려낸다. 물을 꼭 짠 젤라틴을 넣고 잘 섞는다. 크렘 파티시에를 잘 저어 풀어준 다음, 그 위에 생크림, 바닐라, 젤라틴 혼합물을 체에 걸러 붓는다. 잘 섞은 뒤 다시 한 번 체에 거른다. 나머지 생크림 2/3를 거품기로 저어 휘핑한다. 바닐라 향을 우린 크림 혼합물이 완전히 식으면 휘핑한 크림을 넣고 살살 섞은 뒤 냉장고에 넣어둔다.

캐러멜 크림

젤라틴을 찬물에 넣고 불린다. 소스팬에 꿀과 옥수수 시럽을 넣고 150℃로 끓여 캐러멜을 만든 다음, 미리 바닐라 향을 우려낸 뜨거운 크림을 넣어 섞는다. 이 뜨거운 캐러멜을 달걀노른자에 조금 넣어 잘 섞는다(주의! 달걀이 익어 오믈렛처럼 응고되지 않게 하려면 혼합했을 때의 온도가 60℃를 넘지 않아야 한다). 다시 냄비에 옮겨 넣고 계속 저으면서 83℃까지 가열해 크림이 주걱에서 흘러내리지 않고 묻는 농도가 되면 불에서 재빨리 내려 더 이상 익는 것을 중단시킨다. 물을 꼭 짠 젤라틴을 뜨거운 크림에 넣고 핸드 블렌더로 갈아 혼합한다. 체에 거른 뒤 넓적한 그라탱 용기에 넣고, 랩을 밀착시켜 덮은 뒤 냉장고에 보관한다. 완성될 앙트르메 마들렌 사이즈보다 작은 틀 안에 붓으로 밀크 초콜릿을 얇게 발라준다. 초콜릿이 굳으면 식은 캐러멜 크림을 짜 넣는다. 냉동실에 넣어 굳힌다.

*팁: 캐러멜 크림이 남으면 스프레드로 빵에 발라먹어도 아주 맛있다.

금색 코팅

카카오 버터와 초콜릿을 중탕으로 녹인 다음 식용 색소를 넣어 섞는다. 핸드 블렌더로 갈아 혼합한 다음 체에 거른다.

초콜릿 코팅

재료를 모두 넣고 중탕으로 녹인다. 체에 거른다.

완성하기

앙트르메 마들렌 틀(12cm×8cm×8cm) 하단부 안쪽에 무스 샹티이를 넣고 스패출러로 매끈하게 가장자리를 다듬은 뒤 사부아 비스퀴 구운 것을 넣어 붙인다. 공기가 들어가지 않도록 크림을 매끈하게 다듬어준다. 위쪽 몰드에도 역시 무스 샹티이를 넣고 가장자리를 매끈하게 한 다음, 냉동실에 굳힌 캐러멜 크림을 중앙에 넣는다. 무스 샹티이를 가득 채우고 매끈하게 정리한 다음, 두 개의 몰드를 마주 보고 붙여 고정시킨다. 냉동실에 12시간 넣어둔다. 틀을 제거한 다음, 나무 꼬챙이로 마들렌을 찔러 들고 45℃로 준비한 코팅용 혼합물을 스프레이건에 넣고 분사한다. 윗면엔 금색으로 아랫면엔 초콜릿으로 골고루 분사해 균일하게 코팅한다. 나무 꼬챙이를 찔렀던 면이 아래로 가게 접시에 놓고 서빙한다.

*셰프의 팁! 이 레시피에 제시된 특수 제작 앙트르메 마들렌 몰드가 없을 경우에는 무스 링을 사용해 둥근 케이크로 만들어도 좋다. 지름 14cm, 높이 5cm짜리 무스 링에 버터를 칠한 다음 사부아 비스퀴를 구워 내고, 마지막 완성은 지름 16cm 무스 링을 사용하면 된다.

LA TARTE AU PAMPLEMOUSSE

자몽 타르트 by 위그 푸제 HUGUES POUGET (HUGO & VICTOR)

군침이 도는 과즙 가득한 타르트

레스토랑 기 사부아에서 일하던 시절부터 이미 위그 푸제는 미래에 자신의 파티스리 부티크에서 만들고 싶은 케이크들을 구상해 놓곤 했다. 그는 짧은 기간 동안만 출시되는 무화과, 미라벨 자두, 체리와 같은 과일과 제철 재료 등을 활용해 제대로 된 디저트 메뉴를 선보이고자 했다. 오랜 경험을 통해 그는 성촉절(Chandeleur)에는 크레프, 사순절 축제(Mardi Gras)에는 뵈뉴 튀김과자, 부활절에는 달걀 모양의 디저트 등 전통 파티스리를 기반으로 새로운 것을 만들어내는 법을 배웠다. 자신의 부티크에서도 이러한 전통을 이어나가길 원했다. 2010년 처음 등장한 그의 자몽 타르트는 출시되자마자 베스트셀러가 되는 놀라운 반응을 몰고 왔다. 상상을 뛰어넘는 성공이었다. 사실 처음엔 새콤하고 쌉싸름한 맛을 지닌 자몽의 과육을 그대로 타르트에 풍성하게 올리는 방식에 약간의 우려도 있긴 했지만, 바삭한 파트 사블레와 아몬드 크림, 자몽 크림과 신선한 과육을 지혜롭게 구성함으로써 기대 이상의 성과를 거두었다. 한 입 물어 넣으면 우선 사블레 크러스트가 파삭하게 씹히고 윗면에는 시원하고 과즙 가득한 자몽 과육이 상큼하게 다가온다. 부드러운 아몬드 크림이 이어지고, 예상하지 못했던 산뜻한 자몽 크림이 뜻밖의 맛과 촉촉함으로 입안을 풍부하게 해준다.

6인분 준비 시간 : 1시간 30분 ● 조리 시간 : 28분 ● 휴지 시간 : 8시간

재료

파트 사블레 La pâte sablée	아몬드 크림	자몽 크림	완성하기 Montage et finition
입자가 아주 고운 밀가루	La crème d'amandes	Le crémeux pamplemousse	핑크 자몽 3kg
(farine de gruau T45*) 88g	설탕 66g	판 젤라틴 3g	
버터 53g	물 10g	핑크 자몽즙 100g	
달걀 20g	옥수수 시럽 20g	설탕 75g	
소금(플뢰르 드 셀) 2g	달걀 33g	달걀 100g	
슈거파우더 33g	버터 100g	버터 200g	
아몬드 가루 12g	레몬 2개	오렌지 껍질 제스트 4g	
	아몬드 가루 50g	캄파리(Campari®) 25g	

만드는 법

파트 사블레

밀가루를 체에 치고, 차가운 버터는 깍둑 썬다. 볼에 넣고 손으로 혼합하여 모래와 같은 질감이 되게 한다. 달걀을 작은 그릇에 푼 다음 20g을 계량하여 반죽에 넣고 소금도 넣어 섞는다. 균일하게 혼합되면 체에 친 아몬드 가루와 슈거파우더를 넣고 잘 섞는다. 매끈하고 균일한 반죽이 되면 둥글게 뭉쳐 랩으로 싸 냉장고에 최소 5시간 이상 넣어둔다. 반죽 170g을 계량해 밀대로 얇게 민 다음 지름 20cm 타르트 링에 깔아준다. 냉장고에 보관한다.

아몬드 크림

소스팬에 설탕, 물, 옥수수 시럽을 넣고 121℃까지 끓인다. 전동 스탠드 믹서 볼에 달걀을 넣고 거품기를 돌린다. 뜨거운 시럽을 조금씩 흘려 넣으며 거품기 속도를 최대로 계속 돌려준다. 온도가 적당히 따뜻할 정도로 식으면 작게 자른 버터를 넣고 섞는다. 아몬드 가루를 넣어준다. 혼합물이 매끈하고 균일한 상태가 되면 작동을 멈춘다. 다른 용기에 담아 냉장고에 보관한다. 타르트 틀에 올린 파트 사블레를 냉장고에서 꺼내 150℃ 오븐에서 20분간 크러스트만 미리 굽는다.

마이크로플레인 제스터로 곱게 간 레몬껍질 제스트를 아몬드 크림과 잘 섞어 짤주머니에 넣고, 초벌구이한 타르트 시트 안에 채워 넣는다. 190℃ 오븐에서 7~8분 굽는다.

자몽 크림

젤라틴을 찬물에 넣어 불린다. 소스팬에 자몽즙, 설탕, 달걀을 넣고 센 불에서 거품기로 힘차게 저어주며 매끈한 크림 질감이 될 때까지 익힌다. 고운 체에 걸러 버터, 오렌지 껍질 제스트, 캄파리, 물을 꼭 짠 젤라틴과 섞어준다. 매끈하게 혼합될 때까지 잘 저어 섞는다. 냉장고에 2~3시간 넣어둔다.

완성하기

자몽 크림을 짤주머니에 넣고, 오븐에서 꺼내 식힌 타르트에 2~3mm 두께로 얇게 짜준다. 아주 잘 드는 칼을 사용하여 자몽을 속껍질까지 한 번에 제거한 다음 속살만 모양대로 잘라낸다. 타르트 위에 자몽 과육을 꽃 모양으로 빙 둘러 보기 좋게 얹는다. 아주 차갑게 서빙한다.

*farine de gruau (T45, T55) : 부드러운 밀로 만든 고운 밀가루로 일반 밀가루보다 글루텐이 풍부하여 더 잘 부푼다. 비에누아즈리, 브리오슈, 크라상, 쿠겔호프 등에 적합하다.

LA SOURIS PRALINÉ, CITRON & CHOCOLAT

프랄리네, 레몬, 초콜릿 생쥐 케이크

by 이네스 테브나르 & 레지스 페로 INÈS THÉVENARD ET RÉGIS PERROT (UNE SOURIS ET DES HOMMES)

맛있는 케이크와 책을 동시에 즐길 수 있는 파티스리 부티크

레지스와 이네스는 케이크에 관한 책을 보면서 실제로 그 맛있는 케이크도 먹을 수 있는 예쁜 공간을 구상해왔다. 생쥐와 사람들 (Une souris et des hommes)이라는 재미있는 이름의 이 공간은 파티스리, 서점, 살롱 드 테의 장점을 모아 놓은 매력적인 곳이다. 전문가가 추천하는 제과제빵 관련 책들과 세련되고 심플하면서도 완성도 높은 맛을 지닌 디저트 라인업으로 무장한 이 부티크에서 생쥐 케이크는 대표적인 마스코트가 되었다. 특히 잔두야와 레몬은 너무 완벽하게 어울려 절대로 떼어놓을 수 없는 궁합이 되었다. 이 디저트를 입에 넣으면 결코 단조롭지 않은 맛의 향연을 경험할 수 있다. 우선 크런치한 식감의 비스퀴와 헤이즐넛 밀크 초콜릿 무스가 입안을 가득 채우고 이어서 안에 들어 있는 레몬은 폭죽이 터지는 듯 상큼한 킥을 더한다. 먹을수록 중독되는 맛과 귀여운 모양을 자랑하는 이곳만의 소중한 보물이다.

4~6개 분량 준비 시간 : 2시간 ● 조리 시간 : 15분 ● 냉장 시간 : 12시간

재료

밀크 초콜릿 글라사주
Le glaçage chocolat au lait
판 젤라틴 3장
우유 30g
생크림 30g
옥수수 시럽 100g
밀크 초콜릿 120g
향이 강하지 않은 나파주 200g
헤이즐넛 스트로이젤
Le streusel noisettes

황설탕 15g
무염 버터 15g
밀가루(박력분) 15g
헤이즐넛 가루 15g
소금(플뢰르 드 셀) 1꼬집
퇴유틴 프랄리네
Le praliné feuilletine
무염 버터 6g
밀크 초콜릿 14g
자가제 프랄리네 48g

퇴유틴 과자(pailleté feuilletine) 24g
굵게 다진 헤이즐넛 8g
레몬 크림 Le crémeux citron
달걀 22g
설탕 9g
레몬즙 9g
레몬 껍질 제스트 2g
무염 버터 8g
잔두야 무스 La mousse gianduja
판 젤라틴 ½장

우유 61g
달걀노른자 14g
설탕 7g
잔두야 58g
생크림 58g
완성하기 Montage et finition
밀크 초콜릿 적당량
크리스피 펄 적당량

만드는 법

밀크 초콜릿 글라사주
젤라틴을 찬물에 넣어 불린다. 우유, 생크림, 옥수수 시럽을 끓여 녹인 초콜릿 위에 붓는다. 물을 꼭 짠 젤라틴과 나파주를 넣고 잘 섞는다. 핸드 블렌더로 갈아 혼합한 다음 체에 걸러 냉장고에 넣어둔다.

헤이즐넛 스트로이젤
재료를 모두 혼합한 뒤 2mm 두께로 얇게 펼쳐놓는다. 생쥐 모양으로 잘라낸 뒤 150℃ 오븐에서 15분간 굽는다. *셰프의 팁! 냉동실에 넣어 굳힌 다음, 판지로 된 모양 본을 이용하여 생쥐 모양을 잘라내어 구우면 쉽다.

프랄리네 퇴유틴
버터와 초콜릿을 녹인 다음 다른 재료를 모두 넣어 혼합한다. 헤이즐넛 스트로이젤 위에 1mm 두께로 얇게 펴놓은 다음, 냉장고에 넣어 굳힌다.

레몬 크림
소스팬에 달걀, 설탕, 레몬즙, 레몬 제스트를 넣고 가열한다. 끓기 시작하면 바로 불에서 내려 식힌다. 45℃까지 온도가 내려가면 상온의 버터를 넣고 핸드 블렌더로 갈아 혼합한다. 체에 거른 후 반구형 몰드에 채워 넣는다. 냉동실에 넣어 굳힌다.

잔두야 무스
젤라틴을 찬물에 넣어 불린다. 크렘 앙글레즈를 만든다. 우선 소스팬에 우유를 넣고 끓인다. 볼에 달걀노른자와 설탕을 넣고 흰색이 날 때까지 잘 혼합한다. 끓는 우유를 붓고 잘 섞은 다음 다시 소스팬으로 모두 옮겨 담고 중불에서 계속 저어주며 혼합물이 되직해지고 온도가 85℃가 될 때까지 가열한다. 불에서 내린 후, 물을 꼭 짠 젤라틴을 넣어 잘 섞은 다음 녹여 둔 잔두야에 붓고 핸드 블렌더로 갈아 혼합한다. 차가운 생크림을 전동 스탠드 믹서 볼에 넣고 거품기로 돌려 가벼운 무스 질감이 되도록 휘핑한다. 잔두야 크림 혼합물이 30℃까지 식으면 거품 올린 크림을 넣고 살살 섞는다. 지체 없이 바로 사용한다.

완성하기
잔두야 무스를 물방울 모양의 틀 안에 반 정도 채워 넣는다. 반구형으로 굳힌 레몬 크림을 끼워 넣고 다시 잔두야 무스로 덮는다. 프랄리네 퇴유틴을 얹은 헤이즐넛 스트로이젤로 맨 위를 덮어준다. 냉동실에 12시간 넣어둔다. 케이크의 틀을 제거하고 32℃의 밀크 초콜릿 글라사주로 전체를 씌워준다. 밀크 초콜릿으로 얇게 귀를 장식하고, 크리스피 펄로 생쥐의 눈과 코를 붙여 완성한다.

MONSIEUR SMITH

미스터 스미스 by 필립 리골로 PHILIPPE RIGOLLOT

반은 과일, 반은 케이크. 놀라운 흡인력을 가진 디저트

이 케이크가 탄생한 것은 2007년 프랑스 제과제빵 명장(MOF) 선발대회에서다. 과일 타르트를 주제로 진행된 이 콘테스트에 참여한 필립 리골로는 주저 없이 애플 타르트를 선택했다. 클래식 사과 파이의 기본 콘셉트를 유지하면서도 그는 생과일과 익힌 과일을 혼합해 사용했고, 무엇보다도 사과를 연상시키는 비주얼로 한 번에 시선을 끌었다. 대회의 심사위원들은 그의 신선하고도 과감한 시도에 손을 들어주었다. 이 디저트가 관련업계 전문가의 마음에 들었다면, 분명 일반 소비자들에게도 어필할 수 있을 것이라고 확신한 필립은 그의 부티크에서도 이 디저트를 선보이기로 했다. 인기를 끌게 된 미스터 스미스에 이어 몇 달 후엔 핑크색 사과의 모습을 한 여성 버전인 미시즈 스미스도 출시했다. 이 타르트는 일단 비주얼 면에서 마치 진짜 사과를 껍질째 아삭 깨물어 먹는 듯한 느낌을 주고, 이어서 부드러운 바닐라 무스가 입안을 감싸며, 달콤하고 농축된 맛의 사과 콩포트와 상큼한 프레시 사과가 각기 자신의 개성을 드러낸다. 버터 향 가득한 타르트 시트는 그 바삭한 식감으로 전체적인 조화를 이룬다. 겉모습만 보고 판단해서는 안 되는 풍부하고 섬세한 맛의 디저트다.

타르틀레트 6개분 준비 시간 : 2시간 ● 조리 시간 : 27분 ● 냉장 시간 : 7시간

재료

파트 쉬크레 La pâte sucrée
버터 65g
밀가루(다목적용 중력분 T55*) 75g
감자 전분 32g
아몬드 가루 13g
슈거파우더 40g
바닐라 빈 ½줄기
소금 1g
달걀 24g

아몬드 크림
La crème d'amandes
버터 25g
슈거파우더 25g
옥수수 전분(Maïzena®) 2.5g
아몬드 가루 25g
달걀 15g
럼 5g

사과 마멀레이드
La marmelade de pommes
판 젤라틴 2.5장
그린애플 퓌레 120g
설탕 12g
바닐라 빈 ½줄기
그래니 스미스 사과 115g

바닐라 샹티이
La chantilly vanille
휘핑크림(유지방 35%) 118g
설탕 7g
바닐라 빈 ½줄기

만자나 나파주
Le nappage à la manzana
향이 강하지 않은 나파주 150g
만자나(manzana 그린 애플 리큐르) 8g
식용 색소(피스타치오 그린) 적당량
식용 색소(레몬 옐로우) 적당량

완성하기 Montage et finition
바닐라 빈 ½줄기

만드는 법

파트 쉬크레
상온에서 부드러운 포마드 상태가 된 버터와 모든 재료를 모두 넣고 균일한 반죽이 되도록 혼합한다. 반죽을 둥글게 뭉쳐 랩으로 싼 다음 냉장고에 1시간 넣어둔다. 파티스리용 밀대를 사용하여 3mm 두께로 얇게 민 다음 지름 8cm 미니 타르트 틀에 깔아준다. 150℃ 오븐에서 15분간 굽는다.

아몬드 크림
포마드 상태의 버터와 모든 가루 재료를 섞는다. 미리 풀어놓은 달걀과 럼을 넣고 잘 섞는다. 미리 구워둔 타르틀레트 시트 안에 짤주머니로 크림을 조금 짜 넣고 175℃ 오븐에서 12분간 다시 굽는다. 꺼낸 뒤 망에 올려 식힌다.

사과 마멀레이드
판 젤라틴을 찬물에 넣어 불린다. 소스팬에 그린애플 퓌레와 설탕, 길게 갈라 긁은 바닐라 빈 가루를 넣고 가열한다. 그래니 스미스 청사과를 잘게 큐브 모양으로 썬다. 물을 꼭 짠 젤라틴을 퓌레에 넣어준다. 핸드 블렌더로 갈아 혼합한 다음, 잘게 썬 사과를 넣고 냉장고에 보관한다.

바닐라 샹티이
전동 스탠드 믹서 볼에 차가운 생크림과 설탕, 바닐라를 넣고 거품기로 돌린다. 거품기를 들어 올렸을 때 흐르지 않고 묻어 있는 농도가 될 때까지 휘핑하여 샹티이 크림을 만든다. 샹티이를 짤주머니에 넣고 사과 윗뚜껑 모양의 틀 안에 채워 넣은 다음, 냉동실에 6시간 정도 넣어 굳힌다.

만자나 나파주
나파주를 데운 다음 만자나 애플 리큐르와 식용 색소를 넣어 섞은 후 핸드 블렌더로 갈아 혼합한다. 30~35℃의 온도로 사용한다.

완성하기
타르트 시트 안에 사과 마멀레이드를 가득 채운다. 냉동실에서 꺼낸 바닐라 샹티이를 틀에서 분리해 만자나 나파주를 씌운 다음, 타르틀레트 위에 얹어준다. 바닐라 빈 줄기를 작게 잘라 마치 사과 꼭지처럼 중앙에 꽂아 장식한다.

*farine T55 : p. 14 참조.

TARTE DULCEY ET ROMARIN

둘세 초콜릿 로즈마리 타르트 by 조아나 로크 JOHANNA ROQUES (JOJO & CO)

알리그르 시장 한복판에서 맛보는 가성비 최고의 파티스리

카날 플뤼스(Canal+)의 기자였던 조아나 로크는 언제나 케이크 생각뿐이었다. 언젠가는 꼭 파티스리 가게를 열겠다는 꿈을 꾸던 그녀는 작은 디저트 가게를 낼 만한 장소를 물색했다. 파리 12구에 있는 알리그르 시장은 마르티르 가에 익숙한 이 파티스리 애호가에게 그리 잘 알려진 곳은 아니었지만 그녀는 이 시장에 한눈에 반해버렸다. 당시 친구들과 케이크를 만들어 팔던 브랜드 명이었던 **조조앤코**(Jojo & Co)는 이 시장 한 가운데서 다시 탄생해, 따뜻하고 소박하게 손님을 맞이하게 되었다. 둘세 초콜릿을 아주 좋아하는 그녀는 이것을 이용한 타르트를 만들고 싶어 했고, 그 과정에서 어떻게 하면 단맛을 좀 줄일 수 있을지를 고민했다. 로즈마리 향을 우려낸 다음 설탕을 넣지 않고 거품을 올린 휘핑크림이 전체적으로 맛의 균형을 이루고 있고, 로즈마리가 뿜어내는 허브 향 이외에도 캐러멜라이즈한 마카다미아 너트가 달콤한 밸런스를 이루고 있다. 의도적으로 조금 더 오래 구워 색을 낸 타르트 시트는 바삭한 식감과 캐러멜라이즈된 맛을 더해주고 있으며, 그 안은 풍부한 맛의 둘세 초콜릿 가나슈로 가득 차 있다.

10인분　준비 시간 : 1시간 30분　● 조리 시간 : 15분　● 냉장 시간 : 12시간

재료

헤이즐넛 파트 사블레
La pâte sablée à la noisette
헤이즐넛 가루 7.5g
아몬드 가루 7.5g
슈거파우더 45g
밀가루 115g
소금 1g
버터 60g
달걀 25g

둘세 가나슈 La ganache Dulcey
우유 17.5g
생크림 125g
둘세 커버처 초콜릿 250g
　(Dulcey de Valrhona)

로즈마리 샹티이
La chantilly romarin
생크림 125g
신선한 로즈마리 10g
마스카르포네 15g
슈거파우더 1 테이블스푼

캐러멜라이즈드 마카다미아 너트
Les noix de macadamia caramélisées
물 25g
설탕 50g
마카다미아 너트 50g
소금(플뢰르 드 셀) 1꼬집

만드는 법

헤이즐넛 파트 사블레
전동 스탠드 믹서 볼에 가루재료와 잘게 썬 차가운 버터를 넣고 플랫비터를 돌려 모래와 같은 질감이 나도록 혼합한다. 달걀을 넣고 잘 섞은 뒤 반죽을 둥글게 뭉쳐 작업대에 놓는다. 손바닥으로 눌러 으깨듯이 밀어 반죽한다. 이 방법은 반죽에 탄성이 많이 생기지 않도록 하면서도 재료가 골고루 혼합되게 해준다. 다시 둥글게 뭉친 다음 랩으로 싸 냉장고에 1시간동안 넣어둔다. 반죽을 밀어 지름 8cm 미니 타르트 링 여러 개에 깔아준다. 베이킹용 누름돌을 넣고 180℃ 오븐에서 15분간 굽는다.

둘세 가나슈
우유와 생크림을 끓인 다음 바로 불에서 내려 둘세 초콜릿 위에 붓는다. 잠시 가만히 놓아둔 다음 잘 섞고, 핸드 블렌더로 갈아 혼합한다. 냉장고에 12시간 넣어둔다.

로즈마리 샹티이
생크림에 로즈마리를 넣고 끓인 다음, 바로 불을 끄고 몇 분간 향을 우려낸다. 용기에 옮겨 담고 랩을 씌워 냉장고에 12시간 넣어둔다. 차가운 크림을 체에 거른 후 마스카르포네와 함께 전동 스탠드 믹서 볼에 넣고 슈거파우더를 넣어가며 거품기로 돌려 휘핑한다.

캐러멜라이즈드 마카다미아 너트
냄비에 설탕과 물을 넣고 118℃까지 끓인다. 마카다미아 너트를 넣는다. 처음엔 설탕이 굳어 모래와 같은 질감을 보이다가 점점 캐러멜라이즈된다. 너트에 캐러멜이 골고루 코팅되면 실리콘 패드 위에 넓게 펼쳐 놓는다. 플뢰르 드 셀을 조금 뿌린다.

완성하기
둘세 가나슈를 전자레인지에 살짝 데운 다음 타르트 시트 안에 직접 부어 넣는다. 원형 깍지를 끼운 짤주머니에 로즈마리 샹티이 크림을 넣고 둘세 가나슈를 채운 타르트 위에 둥글게 한 번 짜 올린다. 맨 위에 캐러멜라이즈드 마카다미아 너트를 얹고, 작은 로즈마리 잎을 꽂아 장식한다.

RELIGIEUSE AU PAMPLEMOUSSE

자몽 를리지외즈 by 도미니크 세브롱 DOMINIQUE SAIBRON

순수 과일의 상큼함이 돋보이는 인기 만점 를리지외즈

도미니크 세브롱이 요리보다 훨씬 더 파티스리의 매력에 흠뻑 빠지게 된 이유는 그 섬세한 테크닉 때문이다. 그가 아주 좋아하는 파티스리인 를리지외즈는 통통하게 만든 다른 크기의 두 개의 슈를 아름답게 쌓아올린 도발적인 모습으로, 디저트 마니아들을 열광시키기에 충분하다. 그는 계절마다 달라지는 순수한 과일로 향과 맛에 변화를 준다. 특히 시트러스류 과일을 사용해 달콤하면서도 새콤한 맛이 환상의 궁합을 이뤄내는 그의 를리지외즈는 많은 사랑을 받고 있다. 위에 얹은 작은 슈를 떼어 입에 넣으면서 도미니크는 어린 시절의 추억을 떠올린다. 그 추억은 계속 이어지고 있다. 디저트 마니아인 그는 언제 어디서든 맛있는 케이크를 맛보고 있다.

6개 분량 준비 시간 : 1시간 30분 ● 조리 시간 : 35~45분 ● 냉장 시간 : 3시간

재료

소보로 반죽 Le craquelin
차가운 버터 60g
비정제 황설탕 50g
밀가루 50g
식용 색소(레몬옐로우) 적당량
양귀비 씨 적당량

슈 페이스트리 La pâte à choux
물 100g
우유 100g
버터 80g
소금 4g
설탕 4g
체에 친 밀가루 120g
달걀 175g

자몽 크림 La crème légère au pamplemousse
달걀노른자 5개분
옥수수 전분 40g
생크림(유지방 35%) 175g
프레시 자몽즙 325g
프레시 레몬즙 5g
설탕 75g

만드는 법

소보로 반죽
볼에 차가운 버터와 황설탕을 넣고 손가락으로 섞은 뒤, 밀가루, 식용 색소, 양귀비 씨를 넣고 균일하게 혼합한다. 반죽을 두 장의 유산지 사이에 넣고 밀대로 얇게 밀어준 다음 냉장고에 넣어 굳힌다.

슈 페이스트리
소스팬에 물, 우유, 버터, 소금, 설탕을 넣고 가열한다. 끓으면 바로 불에서 내려 전동 스탠드 믹서 볼에 붓는다. 바로 밀가루를 넣고 플랫비터를 돌려(속도 1로 5분, 이어서 속도 2로 5분) 습기를 날려준다. 속도를 2로 유지하면서 달걀을 조금씩 넣어주며 혼합한다. 15mm 원형 깍지를 끼운 짤주머니에 반죽을 넣고 베이킹 팬에 지름 7cm 정도로 크게 둥근 슈를 짜 놓는다. 10mm 원형 깍지를 끼운 짤주머니에 반죽을 넣고 다른 베이킹 팬에 지름 3cm 크기의 동그란 슈를 짜 놓는다. 소보로 반죽을 원형 커터로 동그랗게 잘라(큰 것은 지름 6.5cm, 작은 것은 지름 3cm) 슈 위에 얹는다. 190℃ 오븐에서 작은 슈는 35분, 큰 사이즈의 슈는 45분간 굽는다.

자몽 크림
볼에 달걀노른자와 옥수수 전분, 생크림 분량의 10%를 넣고 섞는다. 소스팬에 나머지 생크림, 자몽즙, 레몬즙과 설탕을 넣고 끓인다. 끓으면 불에서 내려 달걀노른자 혼합물에 조금 부어 잘 섞는다. 다시 소스팬으로 옮겨 부은 다음 계속 잘 저으며 2~3분간 끓인다. 용기에 담아 랩을 밀착시켜 덮은 뒤 냉장고에 3시간 보관한다.

완성하기
자몽 크림을 전동 스탠드 믹서 볼에 넣고 매끈한 질감이 될 때까지 거품기를 돌린다. 10mm 원형 깍지를 끼운 짤주머니에 크림을 넣고, 슈에 짜 넣어 채워준다. 를리지외즈용 로마아스 깍지(douille sultane)를 끼운 짤주머니에 크림을 넣고 큰 사이즈 슈 위에 둥그렇게 한 번 짜준다. 작은 슈를 그 위에 얹어 놓고, 요철 무늬 깍지로 크림을 짜 장식한다.

CHIFFON CAKE À LA VANILLE

바닐라 시폰 케이크 by 유키코 사카 & 소피 소바주 YUKIKO SAKKA ET SOPHIE SAUVAGE (NANAN)

심플하지만 섬세하고 세련된 케이크

피에르 가니에르의 파티스리 파트에서 함께 일하면서 처음 만난 유키코와 소피는 자신들만의 무언가를 같이 만들어보고자 의기투합하여 파티스리 부티크 나낭(Nanan)을 오픈했다. 이곳의 케이크, 비에누아즈리, 빵, 키슈 등에서는 일본의 터치가 은은하게 묻어난다. 각각 개성적인 매력이 있어 모두 다 먹어보고 싶게 만든다. 바닐라 시폰 케이크는 멀리서 보아도 단연 일본 스타일에 가장 가깝지만, 화려한 스포트라이트를 염두에 두고 만든 것은 아니다. 유키코에게 이 케이크는 집에서 가족과 함께 종종 만들어 먹던 디저트로, 어찌보면 부티크에서 판매하기엔 지극히 단순한 것이라고 할 수 있다. 프레시 바닐라를 듬뿍 넣고 일반 스펀지 케이크보다 더 가볍고 부드럽게 만든 시폰 같은 이 케이크는 겉면을 바닐라 크림으로 아주 얇게 발라 감싼 다음, 그 위에 샹티이 크림을 덮어 마무리했다. 이렇게 구성된 케이크를 먹어본 사람들은 이구동성으로 모두 맛있다고 말한다.

4인분 준비 시간 : 1시간 ● 조리 시간 : 30분

재료

케이크 반죽 La pâte à gâteau
달걀노른자 60g
설탕 60g
바닐라 빈 1줄기
식물성 기름 30g

물 40g
밀가루 75g
달걀흰자 120g
버터 1조각

샹티이 크림 La crème chantilly
슈거파우더 20g
휘핑크림(유지방 35%) 200g

만드는 법

케이크 반죽

볼에 달걀노른자와 설탕 분량의 2/3를 넣고 흰색을 띨 때까지 거품기로 저어 혼합한다. 바닐라 빈 가루를 긁어 넣고 잘 섞는다. 기름과 물을 넣고 거품기로 잘 섞는다. 밀가루를 체에 쳐 넣고 대충 섞일 정도로만 혼합한다. 나머지 설탕을 넣어가며 달걀흰자의 거품을 올린다. 거품 올린 달걀흰자를 혼합물에 넣고 살살 돌리듯이 섞는다. 지름 16cm 케이크 링 안쪽에 버터를 발라둔다. 유산지를 깐 베이킹 팬 위에 시폰케이크 링을 놓고 반죽을 채운다. 170℃로 예열한 오븐에 넣어 30분간 굽는다. 오븐에서 꺼낸 뒤 케이크를 뒤집어 놓고 식힌다.

샹티이 크림

전동 스탠드 믹서 볼에 슈거파우더와 차가운 생크림을 넣고 거품기를 돌려 휘핑한다. 거품기를 들어 올렸을 때 크림이 흘러내리지 않고 묻어 있는 농도가 되면 샹티이 크림이 완성된 것이다. 시폰 케이크 겉면을 샹티이 크림으로 전부 덮어준 다음, 원형 깍지를 끼운 짤주머니를 사용하여 윗면에 동그랗게 크림을 짜 얹어 장식한다.

SABLÉ BRETON CHOCOLAT ET NOISETTE

초콜릿 헤이즐넛 사블레 브르통 by 야닉 트랑샹 YANNICK TRANCHANT (NEVA CUISINE)

"최대한 다양한 식감을 동시에 맛볼 수 있는 케이크를 만듭니다. 그저 부드럽기만 한 것은 지루하니까요."

네바(Neva)는 맛있는 요리로도 유명하지만, 이곳에서 디저트로 나오는 훌륭한 케이크로도 아는 이들 사이에선 잘 알려진 숨겨진 성지다. 야닉 트랑샹의 세련되고 풍부한 맛의 디저트는 그 어떤 것과도 닮지 않은 독자적인 매력을 지니고 있으며, 파리의 유명 파티스리들과 비교해도 손색이 없다. 맛에 있어서는 절대 타협이 없는 야닉은 좋은 재료를 정직하고 아낌없이 넣어 최고의 디저트를 만드는 데 온 힘을 다한다. "바닐라가 들어가는 것이면 편법을 쓰지 말고 온전히 정직하게 바닐라를 넣어야 하죠, 다른 모든 재료도 마찬가지입니다!" 신선한 딸기와 야생딸기를 아낌없이 얹은 그의 딸기 타르트를 보면 이러한 스타일이 잘 드러난다. 여기 소개된 초콜릿 타르트도 마찬가지다. 다채로운 식감의 변주를 곁들인 완성도 높은 디저트다. 스푼으로 떴을 때 무스와 가나슈, 캐러멜라이즈한 헤이즐넛, 사블레 브르통, 플뢰르 드 셸이 모두 한 번에 어우러질 수 있도록 모든 재료를 최대한 촘촘히 배열한 구성이 돋보인다.

사블레 6개 분량 준비 시간 : 1시간 ● 조리 시간 : 20분 ● 냉장 시간 : 4시간

재료

사블레 브르통 Le sablé breton
상온의 부드러운 버터 250g
슈거파우더 100g
소금(플뢰르 드 셸) 2g
아몬드 가루 40g
코코아 가루 40g
달걀노른자 30g
밀가루 190g

초콜릿 샹티이
La chantilly au chocolat
커버처 초콜릿(Madong) 100g
생크림 200g

초콜릿 크림
Le crémeux au chocolat
크렘 앙글레즈 500g
초콜릿(Madong) 380g

완성하기 Montage et finition
로스팅한 헤이즐넛
잘게 부순 머랭

만드는 법

사블레 브르통
전동 스탠드 믹서 볼에 상온의 부드러운 버터와 설탕, 아몬드 가루, 소금, 코코아 가루를 넣고 섞는다. 달걀노른자와 밀가루를 넣고 균일한 반죽이 되도록 혼합한다. 반죽을 밀대로 0.5cm 두께로 민 다음, 버터를 발라 놓은 지름 20cm 타르트 링에 깔아준다. 170℃ 오븐에서 20분간 굽는다.

초콜릿 샹티이
초콜릿을 중탕으로 녹인다. 생크림을 거품기로 휘핑해 무스 질감이 되도록 샹티이를 만든 다음 초콜릿과 섞는다. 별 모양 깍지를 끼운 짤주머니에 채워 넣는다.

초콜릿 크림
크렘 앙글레즈를 따뜻하게 데운 다음, 미리 중탕으로 녹인 초콜릿과 섞는다. 균일하게 완전히 섞은 다음 냉장고에 최소 4시간 이상 넣어둔다.

완성하기
구워 놓은 사블레 브르통 위에 초콜릿 샹티이와 초콜릿 크림을 교대로 빙 둘러 보기 좋게 짜 얹는다. 로스팅한 헤이즐넛과 작게 부순 머랭을 얹어 장식한다.

KOUGLOF

쿠겔호프 by 스테판 반데르메르슈 STÉPHANE VANDERMEERSCH

그의 가게에 알자스식 빵이라고는 쿠겔호프밖에 없지만, 후회 없는 선택입니다.

스테판 반데르메르슈는 피에르 에르메 업장에서 수년간 파트 퓌유테 반죽을 담당했다. 여러 종류의 반죽 중에서도 특히 완벽한 퓌유타주를 만드는 데 있어서 그는 타의 추종을 불허하는 최정상급 노하우의 소유자다. 전통의 자취가 많이 남아 있는 동네에 자신의 부티크를 오픈한 스테판은 갈레트, 밀퓌유, 타르트 등으로 많은 사람의 사랑을 받고 있지만 그중에서도 특히 돋보이는 것은 단연코 쿠겔호프다. 이름을 보고 많은 사람들이 알자스 출신일 것이라 생각하는데, 사실 그는 벨기에 출신으로 노르망디에서 나고 자랐다. 알자스 출신의 유명 파티시에 피에르 에르메에게서 배운 레시피 노하우를 토대로 만들어 낸 그의 쿠겔호프는 파리에서 최고로 손꼽히고 있다. 그는 자신의 쿠겔호프가 진짜 토박이 알자스 출신들이 생각하는 오리지널 쿠겔호프는 아닐 것이라고 겸손하게 고백한다. 전통 레시피에 비해 더 버터가 많이 들어갔고, 더 촉촉하며 내용물도 더 많이 들어 있기 때문이다. 촉촉하고 달콤하고 버터 향이 풍부하며 건과일을 씹는 즐거움도 있고 속은 아주 부드러운 브리오슈 빵인 그의 쿠겔호프는 그것 하나만으로도 케이크 자체가 될 정도다. 특별한 모양의 쿠겔호프 틀에 일일이 손으로 버터를 칠한 다음 반죽을 넣어 일주일에 600개를 만들어 판매한다. 구워져 나오는 결과물을 보면 가슴이 뛴다. 오랜 세월 길이 남을 빵이다.

4인분 준비 시간 : 1시간 ● 휴지 시간 : 14시간 ● 조리 시간 : 30~45분

재료

보스톡 시럽 Le sirop à bostock
물 500g
설탕 75g
아몬드 가루 65g
오렌지 블러섬 워터 45g

쿠겔호프 반죽
La pâte pour le kouglof
밀가루 250g
설탕 25g
소금 5g
생 이스트 10g

달걀 150g
오렌지 블러섬 워터 8g
상온의 부드러운 버터 135g
건포도 100g
아몬드 한줌
헤이즐넛 한줌

완성하기 Montage et finition
정제 버터 적당량
슈거파우더 적당량

만드는 법

보스톡 시럽
소스팬에 물과 설탕을 넣고 끓여 시럽을 만든다. 아몬드 가루와 오렌지 블러섬 워터를 넣어 섞은 후 식힌다. 냉장고에 보관한다.

쿠겔호프 반죽
전동 스탠드 믹서 볼에 밀가루, 설탕, 소금, 생 이스트, 달걀을 넣고 속도 1로 4분간 천천히 돌려 반죽한다. 오렌지 블러섬 워터와 상온의 버터 125g을 넣고, 속도 2로 6분간 반죽한다. 작동을 멈추고 건포도를 넣는다. 다시 속도 1로 반죽이 균일해질 때까지 돌린다. 반죽을 꺼내 냉장고(5℃)에 12시간 넣어둔다.

다음 날, 반죽을 꺼내 적당한 크기로 자른다. 나머지 버터(상온)를 쿠겔호프 몰드 안쪽에 발라준다. 몰드 맨 바닥에 통아몬드와 헤이즐넛을 조금 넣는다. 쿠겔호프 반죽을 둥그렇게 만든 다음 틀 안에 넣고, 가장자리를 잘 붙여준다. 30℃ 온도에서 2시간 발효시킨다.
180℃로 예열한 오븐에서 크기에 따라 30~45분 정도 구워준다. 오븐에서 꺼낸 후 틀을 제거하고 식힌다.

완성하기
쿠겔호프를 정제 버터에 살짝 담갔다 뺀 다음, 보스톡 시럽에 담갔다 건진다. 슈거파우더를 살짝 뿌려 완성한다.

엠 by 모리 요시다 MORI YOSHIDA

프랑스 파티스리에 일본식 정교함을 더한 아름다운 조화

모리 요시다는 눈 깜짝할 사이에 파리를 정복해버린 사람들 중 하나다. 조용하고 차분하게 그 무한한 열정을 이루어가는 이 놀라운 셰프 파티시에의 부티크에는 하나하나 그 존재의 이유가 분명한, 최고의 완성도를 보여주는 케이크들로만 가득하다. 그에게 있어 '대충'이라는 단어는 없다. 초콜릿 봉봉에서 파운드케이크, 밀푀유, 몽블랑에 이르기까지 그는 모든 디저트 하나하나에 똑같이 정확하고 엄격한 정성과 솜씨를 다한다. 그는 '맛의 아야톨라'라는 별명을 영광스럽게 생각하는데, 그러한 별명에 걸맞게 바디감, 떫은 맛, 천연의 색, 산미, 계절성 등의 단어를 늘상 입에 달고 산다. 요시다 셰프의 시그니처 메뉴가 된 M 케이크는 식감의 조화라는 측면에서 놀랍도록 완벽하게 균형을 이루고 있다. 아주 부드럽고 최적의 당도를 지닌 메이플 크림과 마치 구름처럼 가벼운 초콜릿 메이플 무스가 차례로 감미롭게 입안을 감싸는가 하면 어느새 탠저린 귤 잼이 상큼하게 치고 나온다. 헤이즐넛 비스킷은 입에서 녹으면서도 씹는 여운을 오래 선사하며, 저항하듯 톡톡 깨지는 식감의 헤이즐넛 누가틴은 그 맛도 최고다. 파티스리계의 탐미주의자가 만드는 완벽한 디저트다.

4인분 준비 시간 : 2시간 30분 ● 조리 시간 : 20~25분 ● 냉장 시간 : 12시간

재료

헤이즐넛 스펀지 시트
Le biscuit Joconde et noisette
헤이즐넛 가루 93g
아몬드 가루 56g
슈거파우더 93.5g
달걀 112g
달걀흰자(1) 50g
밀가루 30g
버터 75g
달걀흰자(2) 62.5g
설탕 35g

헤이즐넛 누가틴
La nougatine noisette
설탕 45g
버터 37.5g

옥수수 시럽 15g
생크림 11g
통 헤이즐넛 100g

클레망틴 콩피
Le perlée de clémentine
클레망틴 귤 5개
설탕 50g

메이플 슈거 캐러멜 크림
La crème caramel au sucre
d'érable
메이플 슈거 34g
생크림 112g
달걀노른자 37g
비정제 황설탕 12g

젤라틴 2g
휘핑한 크림 42g

메이플 슈거 초콜릿 무스
La mousse au chocolat au sucre
d'érable
휘핑한 크림 102g
메이플 슈거 22g
생크림 45g
달걀노른자 18g
비정제 황설탕 11g
커버처 초콜릿 57g
 (Guanaja de Valrhona)

초콜릿 글라사주
Le glaçage chocolat
커버처 초콜릿 46g
 (Guanaja de Valrhona)
헤이즐넛 프랄리네 14g
생크림 125g
전화당(트리몰린) 17g
설탕 14g
메이플 시럽 17g
젤라틴 4g

완성하기 Montage et finition
커버처 초콜릿 (Jivara de Valrhona)

엠 by 모리 요시다 MORI YOSHIDA

만드는 법

헤이즐넛 스펀지 시트
헤이즐넛 가루, 아몬드 가루, 슈거파우더를 계량해 함께 체에 친 다음 전동 스탠드 믹서 볼에 넣는다. 여기에 달걀과 달걀흰자(1)를 넣고 거품기를 돌려 혼합한다. 그동안 밀가루를 체에 치고, 버터는 큰 볼에 넣고 중탕으로 녹인다. 달걀흰자(2)를 다른 믹싱볼에 넣고 거품기로 돌려 단단하게 머랭을 올린다. 무스 질감이 되면 설탕을 조금씩 넣어가며 계속 돌려 머랭이 꺼지지 않도록 한다. 첫 번째 혼합물이 잘 섞이면 1/3 정도 덜어내어 중탕으로 녹여 둔 버터에 넣고 거품기로 잘 섞는다. 체에 친 밀가루를 나머지 혼합물 2/3에 넣고 실리콘 주걱으로 조심스럽게 섞어준다. 녹인 버터와 혼합한 반죽 1/3을 밀가루와 섞은 반죽 2/3에 넣고 조심스럽게 섞는다. 30cm×40cm 크기의 베이킹 팬에 유산지를 깐 다음 직사각형 프레임 틀을 놓고, 스펀지 시트 반죽을 부어넣는다. 170℃ 오븐에서 20분간 굽는다. 오븐에서 꺼낸 뒤 완전히 식으면 틀을 빼내고 바닥에 붙은 유산지를 조심스럽게 떼어낸다. 준비한 뷔슈 틀의 사이즈에 맞춰 긴 직사각형으로 잘라 망 위에 얹어둔다.

헤이즐넛 누가틴
소스팬에 설탕, 버터, 옥수수 시럽을 넣고 중불로 가열해 밝은 갈색의 캐러멜을 만든다. 뜨거운 생크림을 넣고 잘 섞는다. 주의! 반드시 뜨거운 온도의 크림을 넣어야 열 쇼크로 인해 캐러멜이 튀는 위험을 줄일 수 있다. 헤이즐넛을 넣고 캐러멜이 골고루 코팅되도록 잘 섞은 후, 실리콘 패드를 깐 베이킹 팬에 넓게 펼쳐 놓는다. 160℃ 오븐에서 20~25분간 굽는다. 누가틴이 완전히 식으면 도마에 놓고 칼로 1cm 정도 크기로 굵직하게 잘라 둔다.

클레망틴 콩피
클레망틴 귤은 껍질을 벗기고 씻어 작은 큐브 모양으로 자른 뒤 소스팬에 설탕과 함께 넣고 가열한다. 바닥에 눌어붙지 않도록 계속 저어주며 끓인다. 완전히 식힌 뒤 짤주머니에 넣어 냉장고에 보관한다.

메이플 캐러멜 크림
소스팬에 메이플 슈거를 넣고 끓여 갈색 캐러멜을 만든다. 뜨거운 크림을 넣고 잘 섞어준다. 볼에 달걀노른자와 황설탕을 넣고 흰색이 날 때까지 거품기로 잘 저어 혼합한다. 캐러멜 분량의 1/3을 달걀 설탕 혼합물에 넣고 잘 섞은 뒤 다시 소스팬으로 옮겨 붓는다. 약불에 올리고 계속 저어 섞어 크렘 앙글레즈와 같은 농도, 즉 주걱으로 떠 올렸을 때 흘러내리지 않고 묻어 있을 정도가 되면 불에서 내린다. 미리 찬물에 적셔 불려 놓았던 젤라틴을 넣고 잘 섞는다. 메이플 크림의 온도가 10℃가 되도록 식힌다. 전동 스탠드 믹서 볼에 생크림을 넣고 거품기로 돌려 휘핑한다. 거품은 너무 단단하게 올리지 말고, 부드러운 무스 질감이 되도록 한다. 메이플 크림 온도가 10℃까지 식으면, 휘핑한 크림을 넣고 조심스럽게 섞어준다. 즉시 사용한다. 15cm 길이의 길쭉한 삼각형 뷔슈 틀 안쪽에 랩을 깐다. 맨 밑에 클레망틴 콩피를 가늘게 한 켜 깔아준다. 그 위에 메이플 캐러멜 크림을 부어 틀의 반 정도만 채운다. 냉동실에 넣어 최소 6시간 굳힌다. 완전히 굳으면 틀에서 분리한 다음 냉동실에 보관한다.

메이플 초콜릿 무스
전동 스탠드 믹서에 크림을 넣고 거품기를 돌려 너무 단단하지 않게 휘핑한다. 소스팬에 메이플 슈거를 넣고 캐러멜을 만든 뒤 뜨거운 생크림을 넣어 섞는나. 볼에 달걀노른자와 황설탕을 흰색이 날 때까지 거품기로 잘 저어 혼합한다. 크렘 앙글레즈와 같은 방법으로 만든다. 즉, 메이플 캐러멜 ⅓을 달걀 설탕 혼합물에 넣고 잘 섞은 뒤 다시 소스팬으로 옮겨 담아 약불에서 계속 저으며 크렘 앙글레즈와 같은 농도가 될 때까지 익힌다. 크림이 완성되면 다크 초콜릿에 붓고 세게 저어 완전히 에멀전화한다. 여기에 휘핑해 놓은 크림을 넣고 조심스럽게 살살 섞어준다. 즉시 사용한다. 15cm 길이의 삼각형 뷔슈 틀을 씻은 뒤 다시 랩으로 안쪽을 깔아준다. 메이플 초콜릿 무스를 넣어 채운다. 얼려 굳힌 메이플 캐러멜 크림 삽입물을 조심스럽게 무스 중앙에 놓고 헤이즐넛 누가틴 조각을 고루 뿌린다. 틀 사이즈에 맞게 길게 잘라놓은 스펀지 시트로 덮고 무스와 잘 붙도록 살짝 눌러준다. 냉동실에 최소 6시간 동안 넣어둔다.

초콜릿 글라사주
볼에 초콜릿과 프랄리네를 계량해 넣는다. 소스팬에 생크림과 전화당, 설탕, 메이플 시럽을 넣고 가열한다. 끓으면 바로 불에서 내려 미리 물에 적셔 불려둔 젤라틴을 넣고 잘 섞는다. 초콜릿과 프랄리네를 넣은 볼에 뜨거운 크림을 조금씩 부으면서 주걱으로 잘 섞어 가나슈를 만든다.

완성하기
초콜릿 글라사주를 26℃까지 데운 다음 매끄럽고 균일한 텍스처가 되도록 잘 저어 섞는다. 뷔슈 틀에 넣어 냉동실에서 굳힌 케이크를 꺼내 틀에서 분리한다. 랩을 떼어낸 다음, 받침 용기에 놓은 망 위에 얹고, 사용 온도에 맞춘 글라사주를 한 번에 천천히 부어 씌운다. 망을 탁탁 쳐서 글라사주 잉여분이 흘러내리도록 한다. 케이크를 서빙 접시로 옮겨 놓는다. 템퍼링한 커버처 초콜릿을 사용하여 데코레이션용 초콜릿을 만든다. 케이크의 글라사주가 완전히 굳기 전에 초콜릿 장식을 삼각형의 뾰족한 부분에 조심스럽게 얹어 완성한다.

CAKE CHOCOLAT NOISETTE

초콜릿 헤이즐넛 파운드케이크 by 아 라 메르 드 파미유 À LA MÈRE DE FAMILLE

우리에게 꼭 필요한, 그 어떤 것도 대신할 수 없는, 시대를 초월한 아름다운 간식

1761년에 처음 문을 연 파리의 가장 오래된 초콜릿 상점이자 사탕, 과자점인 아 라 메르 드 파미유는 초콜릿, 사탕, 누가, 칼리송, 비스킷, 케이크 등이 서랍마다 가득한 추억의 보물 상자다. 달콤한 마법과도 같은 정통 레시피의 사탕과 과자들이 오늘날에도 변함없이 사랑을 받고 있는 이곳은 전통을 이어 내려오는 클래식하면서도 완성도 높은 세련된 맛과 추억으로 많은 이에게 향수를 불러일으킨다. 캐러멜라이즈한 다음 초콜릿을 입힌 아몬드와 헤이즐넛을 듬뿍 넣어 부담 없이 투박하게 만든 헤이즐넛 파운드케이크도 하나의 좋은 예다. 질 좋은 재료만을 써서 전통의 레시피로 만든 파운드케이크 반죽에 초콜릿으로 코팅한 캐러멜라이즈드 아몬드와 헤이즐넛을 듬뿍 얹어 오븐에 굽는다. 참을 수 없도록 먹고 싶은 케이크 위에 역시 참을 수 없이 맛있는 콩피즈리를 얹었다. 이것은 단순해 보이는 전통 레시피지만 상상을 뛰어넘는 그 풍부한 맛에 있어서는 완벽한 최고의 간식이라고 할 수 있다. 이름대로 엄마가 만든 것은 다 맛있다. 언제나 그랬듯이….

6인용 파운드케이크 1개 분량   준비 시간 : 20분 ● 조리 시간 : 45분

재료

파운드케이크 반죽	설탕 100g	밀가루 100g	녹인 버터 60g
L'appareil pour le cake	생크림 110ml	베이킹파우더 6g	
껍질 벗긴 헤이즐넛 100g	꿀 60g	아몬드 가루 60g	
달걀 3개	카카오 70% 다크 초콜릿 45g	코코아 가루 16g	

만드는 법

헤이즐넛을 굵게 다진다. 달걀과 설탕을 흰색이 날 때까지 거품기로 휘저어 혼합한다. 소스팬에 생크림과 꿀을 넣고 가열한다. 약하게 끓기 시작하면 초콜릿에 부어 녹인 다음 균일하게 잘 섞는다. 달걀 설탕 혼합물에 붓고 잘 섞은 다음, 밀가루와 베이킹파우더. 아몬드 가루, 코코아 가루를 넣어준다. 녹인 버터와 헤이즐넛 80g을 넣고 잘 섞는다. 파운드케이크 틀 안쪽을 유산지로 깔아준 다음, 반죽을 넣고 나머지 헤이즐넛을 골고루 뿌린다. 200℃ 오븐에 넣고 5분간 굽는다. 케이크 표면에 칼집을 낸 다음 다시 오븐 온도를 155℃로 낮추고 40분간 구워낸다. 오븐에서 꺼낸 후 틀에서 분리한다.

ADRESSES 주소

L'Éclair de génie • Christophe Adam
13, rue de l'Ancienne-Comédie, 75006
www.leclairdegenie.com

Café Pouchkine • Julien Alvarez
64, boulevard Haussmann, 75008 Paris
www.cafe-pouchkine.fr

Un Dimanche à Paris • Nicolas Bacheyre
4-6-8, cours du Commerce Saint-André, 75006 Paris

Shangri-La • Michael Bartocetti
10, avenue d'Iéna, 75116 Paris

Les Étangs de Corot • Yannick Begel
55, rue de Versailles, 92410 Ville-d'Avray

Mad'leine • Akrame Banallal
www.madleine.fr

Nicolas Bernardé
2, place de la Liberté, 92250 La Garenne-Colombes

Utopie • Erwan Blanche et Sébastien Bruno
20, rue Jean-Pierre Timbaud, 75011 Paris

Acide Macaron • Jonathan Blot
24, rue des Moines, 75017 Paris

Sébastien Bouillet
15, place de la Croix-Rousse, 69004 Lyon
www.chocolatier-bouillet.com

Blé Sucré • Fabrice Le Bourdat
7, rue Antoine Vollon, 75012 Paris

Yann Brys
www.yannbrys.fr

Casse-Noisette • Jeffrey Cagnes
35, avenue de l'Opéra, 75002 Paris

Liberté • Benoit Castel
39, rue des Vinaigriers, 75010 Paris

Gontran Cherrier
22, rue Caulaincourt, 75018 Paris
www.gontrancherrierboulanger.com

La Maison du Chocolat • Nicolas Cloiseau
225, rue du Faubourg Saint-Honoré, 75008 Paris
www.lamaisonduchocolat.fr

Mon Éclair • Grégory Cohen
52, rue des Acacias, 75017 Paris

Philippe Conticini
Laboratoire : 59, boulevard Camélinat, 92230 Genevilliers
www.conticini.fr

La Pâtisserie par Cyril Lignac
24, rue Paul-Bert, 75011 Paris
www.cyrillignac.com

Yann Couvreur
137, avenue Parmentier, 75010 Paris

T Xuan • Yuelin Cui et Pierre-Henri Boissavy
56, rue la Fayette, 75009 Paris

Des Gâteaux et du Pain – Claire Damon
63, boulevard Pasteur, 75015 Paris

Sébastien Dégardin
200, rue Saint-Jacques, 75005 Paris

Laurent Favre-Mot
12, rue Manuel, 75009 Paris

Pâtisserie Foucher • Jean-François Foucher
12, rue au Fourdray, 50100 Cherbourg-Octeville

Foucade • Marjorie Fourcade
17, rue Duphot, 75001 Paris

Jacques Génin
133, rue de Turenne, 75003 Paris
www.jacquesgenin.fr

Colorova • Guillaume Gil
47, rue de l'Abbé-Grégoire, 75006 Paris

Stéphane Glacier
66, rue du Progrès, 92700 Colombes

Le Meurice • Cédric Grolet
228, rue de Rivoli, 75001 Paris

Boulangerie BO • Olivier Haustraete
85 bis, rue de Charenton, 75012 Paris

Pierre Hermé
4, rue Cambon, 75001 Paris
www.pierreherme.com

Jean-Paul Hévin
231, rue Saint-Honoré, 75001 Paris
www.jeanpaulhevin.com

Mokonuts • Moko Hirayama
5, rue Saint-Bernard, 75011 Paris

Terroirs d'Avenir • Shinya Inagaki
8, rue du Nil, 75002 Paris

Le Bristol • Laurent Jeannin
112, rue du Faubourg Saint-Honoré, 75008 Paris

Amami • Antoaneta Julea et Sayako Tsuji
12, rue Jean-Macé, 75011 Paris

**Ernest et Valentin •
Logan et Bradley Lafond**
225, rue de Charenton, 75012 Paris

**Gâteaux Thoumieux •
Alexis Lecoffre et Sylvestre Wahid**
58, rue Saint-Dominique, 75007 Paris

Les Souris dansent • Yann le Gall
16, rue Marie Stuart, 75002 Paris

Pièr-Marie Le Moigno
8, rue Victor-Masse, 56100 Lorient

Moulin de Bassilour • Gérard Lhuillier
Quartier Bassilour, 64210 Bidart

Bontemps • Vincent et Fiona Leluc
57, rue de Bretagne, 75003 Paris

Raoul Maeder
158, boulevard Berthier, 75017 Paris
www.raoulmaeder.fr

Maison Chaudun • Gilles Marchal
149, rue de l'Université, 75007 Paris
Et Gilles Marchal : 9 Rue Ravignan, 75018 Paris

**Pain de Sucre •
Nathalie Robert et Didier Mathray**
14, rue Rambuteau, 75003 Paris

Christophe Michalak
60, rue du Faubourg-Poissonnière, 75010 Paris
www.christophemichalak.com

Park Hyatt Paris-Vendôme • Jimmy Mornet
5, rue de la Paix, 75002 Paris

Plaza Athénée • Angelo Musa
25, avenue Montaigne, 75008 Paris

Prince de Galles – Nicolas Paciello
33, avenue George-V, 75008 Paris

Ritz Paris • François Perret
15, place Vendôme, 75001 Paris

Hugo & Victor • Hugues Pouget
40, boulevard Raspail, 75007 Paris
www.hugovictor.com

**Une Souris et des Hommes •
Inès Thévenard et Régis Perrot**
17, rue de Maubeuge, 75009 Paris

Philippe Rigollot
1, place Georges-Volland, 74000 Annecy

Jojo & Co • Johanna Roques
Marché d'Aligre Beauvau, place d'Aligre, 75012 Paris

Dominique Saibron
77, avenue du Général-Leclerc, 75014 Paris

Nanan • Yukiko Sakka et Sophie Sauvage
38, rue Keller, 75011 Paris

Neva Cuisine • Yannick Tranchant
2, rue de Berne, 75008 Paris

Stéphane Vandermeersch
278, avenue Daumesnil, 75012 Paris

Mori Yoshida
65, avenue de Breteuil, 75007 Paris

À la Mère de Famille • Sophie et Jane Dolfi
35, rue du Faubourg-Montmartre, 75009 Paris
www.lameredefamille.com

디저트에 미치다

1판 1쇄 발행일 2017년 7월 15일
1판 3쇄 발행일 2019년 8월 31일
저　　　자 : 라파엘 마샬
번　　　역 : 강현정
사　　　진 : 다비드 보니에, 앙투안 페슈
스 타 일 : 카미유 르포르
편집주간 : 이나무
디 자 인 : 김미선
발 행 인 : 김문영
펴 낸 곳 : 시트롱 마카롱
등　　　록 : 제2014-000153호
주　　　소 : 서울시 중구 장충단로 8가길 2-1
페 이 지 : www.facebook.com/CimaPublishing
이 메 일 : macaron2000@daum.net
I S B N　 : 979-11-953854-2-3 03590
▶ 이 도서의 국립중앙도서관 출판예정도서목록(CIP)은 서지정보유통지원시스템 홈페이지(http://seoji.nl.go.kr)와 국가자료
공동목록시스템(http://www.nl.go.kr/kolisnet)에서 이용하실 수 있습니다. (CIP제어번호 : CIP2017014811)